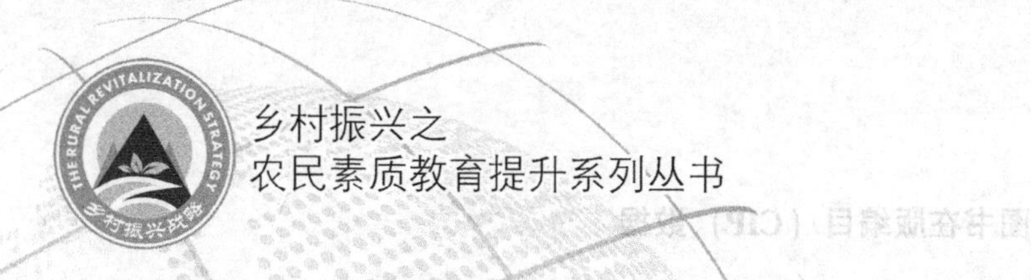

乡村振兴之
农民素质教育提升系列丛书

农业经理人基础知识

◎袁 亮　钟 乐　金亚男　主编

中国农业科学技术出版社

图书在版编目（CIP）数据

农业经理人基础知识 / 袁亮，钟乐，金亚男主编. —北京：中国农业科学技术出版社，2020.7（2024.7 重印）

（乡村振兴之农民素质教育提升系列丛书）

ISBN 978-7-5116-4813-6

Ⅰ.①农… Ⅱ.①袁…②钟…③金… Ⅲ.①农业经济管理 Ⅳ.①F302

中国版本图书馆 CIP 数据核字（2020）第 106246 号

责任编辑 徐 毅
责任校对 马广洋

出 版 者 中国农业科学技术出版社
北京市中关村南大街 12 号 邮编：100081
电 话 (010)82106631(编辑室) (010)82109702(发行部)
(010)82109709(读者服务部)
传 真 (010)82106631
网 址 http://www.castp.cn
经 销 者 各地新华书店
印 刷 者 北京捷迅佳彩印刷有限公司
开 本 850 mm×1 168 mm 1/32
印 张 4.875
字 数 120 千字
版 次 2020 年 7 月第 1 版 2024 年 7 月第 3 次印刷
定 价 26.00 元

《农业经理人基础知识》
编　委　会

主　编：袁　亮　钟　乐　金亚男

副主编：邱剑华　陈秀华　白　文　高　峻
　　　　李方华　郭　敏

编　委：胡永松　李隆章　刘玉惠

前　言

农业经理人是指运营掌控农业生产经营所需的资源、资本，在农民合作社、家庭农场或农业企业中谋求最大经济效益的同时，从中获得佣金或红利的农业专业技能性人才。可以说，农业经理人是新型职业农民队伍中的“CEO”，是新型职业农民的领军人才，也是推进乡村振兴的人才支撑。

近年来，在国家大力实施乡村振兴战略的大背景下，随着农村土地加速流转和规模化水平的提高以及各方面资本对农业投资力度的加大，现代农业市场对农业经理人的需求越来越大。

本书首先从现代农业发展现状及趋势、农业政策及法规等两方面对当前的农业发展情况进行了介绍；其次从农业经理人的职业道德、农业经理人的基本素养、农业经理人的基本技能三方面对农业经理人进行了介绍；最后精选了一些农业经理人的典型案例。本书语言通俗、内容实用，适合农业经理人或即将从事该职业的农民朋友参考学习。

由于时间仓促，水平有限，书中难免存在不足之处，欢迎广大读者批评指正！

编　者

2020 年 4 月

前　言

农业经理人是指运营掌控农业生产经营所需的资源、资本，在农民合作社、家庭农场或农业企业中谋求最大经济效益的同时，从中获得佣金或红利的农业专业技能性人才。可以说，农业经理人是新型职业农民队伍中的“CEO”，是新型职业农民的领军人才，也是推进乡村振兴的人才支撑。

近年来，在国家大力实施乡村振兴战略的大背景下，随着农村土地加速流转和规模化水平的提高以及各方面资本对农业投资力度的加大，现代农业市场对农业经理人的需求越来越大。

本书首先从现代农业发展现状及趋势、农业政策及法规等两方面对当前的农业发展情况进行了介绍；其次从农业经理人的职业道德、农业经理人的基本素养、农业经理人的基本技能三方面对农业经理人进行了介绍；最后精选了一些农业经理人的典型案例。本书语言通俗，内容实用，适合农业经理人或即将从事该职业的农民朋友参考学习。

由于时间仓促，水平有限，书中难免存在不足之处，欢迎广大读者批评指正！

编　者

2020 年 4 月

目　录

第一章　现代农业发展现状及趋势

第一节　现代农业的内涵和特征

一、现代农业的内涵

（一）现代农业的概念

现代农业是广泛应用现代科学技术、现代工业提供的生产资料和科学管理方法进行的社会化农业。它是在近代农业的基础上发展起来的以现代科学技术为主要特征的农业，是广泛应用现代市场理念、经营管理知识和工业装备与技术的市场化、集约化、专业化、社会化的产业体系，是将生产、加工和销售相结合，产前、产后与产中相结合，生产、生活与生态相结合，农业、农村与农民发展，农村与城市、农业与工业发展统筹考虑，资源高效利用与生态环境保护高度一致的、可持续发展的新型产业。

（二）现代农业的内涵

现代农业是一个动态的和历史的概念，它不是一个抽象的东西，而是一个具体的事物，它是农业发展史上的一个重要阶段。

从发达国家的传统农业向现代农业转变的过程看，实现农业现代化的过程包括两方面的主要内容：一是农业生产的物质条件和技术的现代化。利用先进的科学技术和生产要素装备农业，实现农业生产机械化、电气化、信息化、生物化和化学化。二是农业组织管理的现代化，实现农业生产专业化、社会化、区域化和企业化。

（1）现代农业的本质是用现代工业装备的，用现代科学技术武装的，用现代组织管理方法来经营的社会化、商品化农业，是国民经济中具有较强竞争力的现代产业。

（2）现代农业是以保障农产品供给，增加农民收入，促进可持续发展为目标，以提高劳动生产率，资源产出率和商品率为途径，以现代科技和装备为支撑，在家庭经营基础上，在市场机制与政府调控的综合作用下，农工贸紧密衔接，产加销融为一体，多元化的产业形态和多功能的产业体系。

（3）现代农业处于农业发展的最新阶段，是广泛应用现代科学技术、现代工业提供的生产资料和科学管理方法的社会化农业，主要指第二次世界大战后经济发达国家和地区的农业。

二、现代农业的特征

现代农业具有以下基本特征。

第一，具备较高的综合生产率，包括较高的土地产出率和劳动生产率。农业成为一个有较高经济效益和市场竞争力的产业，这是衡量现代农业发展水平的最重要标志。

第二，农业成为可持续发展产业。农业发展本身是可持续的，而且具有良好的区域生态环境。广泛采用生态农业、有机农业、绿色农业等生产技术和生产模式，实现淡水、土地等农业资源的可持续利用，达到区域生态的良性循环，农业本身成为一个良好的、可循环的生态系统。

第三，农业成为高度商业化的产业。农业主要为市场而生产，具有很高的商品率，通过市场机制来配置资源。商业化是以市场体系为基础的，现代农业要求建立非常完善的市场体系，包括农产品现代流通体系。没有发达的市场体系，就不可能有真正的现代农业。农业现代化水平较高的国家，农产品商品率一般都

在90%以上，有的产业商品率可达到100%。

第四，实现农业生产物质条件的现代化。以比较完善的生产条件，基础设施和现代化的物质装备为基础，集约化、高效率地使用各种现代生产投入要素，包括水、电力、农膜、肥料、农药、良种、农业机械等物质投入和农业劳动力投入，从而达到提高农业生产率的目的。

第五，实现农业科学技术的现代化。广泛采用先进适用的农业科学技术、生物技术和生产模式，改善农产品的品质、降低生产成本，以适应市场对农产品需求优质化、多样化、标准化的发展趋势。现代农业的发展过程，实质上是先进科学技术在农业领域广泛应用的过程，是用现代科技改造传统农业的过程。

第六，实现管理方式的现代化。广泛采用先进的经营方式、管理技术和管理手段，从农业生产的产前、产中、产后形成比较完整的紧密联系、有机衔接的产业链条，具有很高的组织化程度。有相对稳定、高效的农产品销售和加工转化渠道，有高效率地把分散农民组织起来的组织体系，有高效率的现代农业管理体系。

第七，实现农民素质的现代化。具有较高素质的农业经营管理人才和劳动力，是建设现代农业的前提条件，也是现代农业的突出特征。

第八，实现生产的规模化、专业化、区域化。通过实现农业生产经营的规模化、专业化、区域化，降低公共成本和外部成本，提高农业的效益和竞争力。

第九，建立与现代农业相适应的政府宏观调控机制。建立完善的农业支持保护体系，包括法律体系和政策体系。

总之，现代农业的产生和发展，大幅度地提高了农业劳动生产率、土地生产率和农产品商品率，使农业生产、农村面貌和农户行为发生了重大变化。

三、现代农业的要素

1. 用现代物质条件装备农业

现代农业的发展，需要以较完备的现代物质条件为依托。改善农业基础设施建设，提高农业设施装备水平，构成现代农业建设的重要内容。只有加快农业基础建设，不断提高农业的设施装备水平，才能有效突破耕地和淡水短缺的约束，提高资源产出效率；才能大大减轻农业的劳动强度，提高农业劳动生产率；也才能提高农业的抗灾减灾能力，实现高产稳产的目标。

2. 用现代科学技术改造农业

科学技术是第一生产力。依靠科学技术实现资源的可持续利用，促进人与自然的和谐发展。日益成为各国共同面对的战略选择，科学技术作为核心竞争力日益成为国家间竞争的焦点。随着社会经济的不断发展，促进农业科技进步，提高农业综合生产能力，提高农业综合效益和竞争力，成为加快推动现代农业建设的重要内容。传统农业由于科技含量普遍较低，生产经营效率低下，综合效益明显不足。因此，必须用现代科学技术改造农业，大力推进农业现代化建设，不断增强农业科技创新能力建设，加强农业重大技术攻关和科研成果转化，着力健全农业技术推广体系，从而有效提高农业产业的科技装备水平，为现代农业发展提供强有力的科学技术支撑，为农民增收、农业增效与农村发展创造更为有利的条件。

3. 用现代产业体系提升农业

现代农业产业体系是集食物保障、原料供给、资源开发、生态保护、经济发展、文化传承、市场服务等产业于一体的综合系统，是多层次、复合型的产业体系。现代农业的发展，需要将生产、加工和销售相结合，也需要将产前、产中与产后相结合，从而有效促进现代农业的产业化发展目标的实现。用现代产业体系

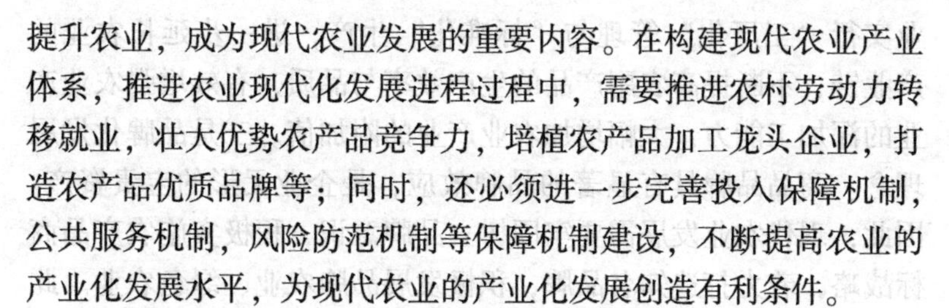

提升农业，成为现代农业发展的重要内容。在构建现代农业产业体系，推进农业现代化发展进程过程中，需要推进农村劳动力转移就业，壮大优势农产品竞争力，培植农产品加工龙头企业，打造农产品优质品牌等；同时，还必须进一步完善投入保障机制，公共服务机制，风险防范机制等保障机制建设，不断提高农业的产业化发展水平，为现代农业的产业化发展创造有利条件。

4. 用现代经营方式推进农业

现代经营方式具有市场性、高效性特点。有利于调动农业参与者的积极性与创造性，能大幅提高农业生产资料的运用效率，进而有利于增加农业产业的综合效益。现代农业的发展需要采用与之匹配的经营方式。集约化、规模化、组织化、社会化是现代农业对经营方式的内在要求。同时。党的十八大报告明确提出：要大力发展农民专业合作和股份合作，培育新型经营主体，发展多种形式规模经营；构建集约化、专业化、组织化、社会化相结合的新型农业经营体系。这为我国现代农业经营方式的选择确定提供了有效依据。构建集约化、专业化、组织化、社会化相结合的新型农业经营体系，大力培育专业大户、家庭农场、专业合作社等新型农业经营主体，发展多种形式的农业规模经营和社会化服务，是我国发展现代农业的必由之路。

5. 用现代发展理念引领农业

发展理念对现代农业产业发展产生着极为重要的影响，现代农业的发展需要先进的发展理念来引领。为此，现代农业的发展需要树立先进的发展理念：一是可持续发展理念。农业发展是关系国计民生的“大问题”，现代农业更代表着农业产业发展的主流方向，需要始终坚持可持续发展理念，积极采用生态农业、有机农业、绿色农业等生产技术和生产模式，尽最大可能实现经济效益、社会效益和生态效益的完美统一。二是工业化发展理念。要实现现代农业的跨越式发展，必须借鉴工业化发展模式，对农业实行“工厂化”管理与“标准化”生产，进一步延长农业的产业链，不断提高农副产品的生产效率与品质，有效增强农业产业的深加工能力，大幅增加农业产业的附加值。三是品牌化发展理念。商品品牌具有显著的品牌效应，是企业无形的宝贵资产。因此，现代农业发展需要牢固树立品牌意识，积极实施农产品商标战略，着力打造知名品牌，积极发展品牌农业、绿色农业。此外，现代农业发展还需要树立集约化发展理念、全局协同发展理念等，以满足适应社会经济现代化的发展需要。

6. 用培养新型职业农民的办法发展农业

我国是一个农业大国，但却缺乏职业农民的观念。现有的传统农民已经明显不能满足现代农业的发展要求，新型职业农民的培养对我国农业的现代化发展极为重要。新型职业农民是指“有文化、懂技术、会经营”的以农业作为专门工作的农民，是农业现代化发展的主要实践者。为了适应现代农业的发展需要，党和政府高度重视新型职业农民的培育工作，并实施了一系列的措施和办法，希望尽快培育出一支新型职业农民队伍，以满足现代农业的发展需要。

第二节 现代农业的发展模式

一、生态农业

（一）生态农业的概念

生态农业是20世纪60年代末期为解决“石油农业”的弊端而出现的，被认为是继“石油农业”之后世界农业发展的一个重要阶段。生态农业主要是通过提高太阳能的固定率和利用率、生物能的转化率、废弃物的再循环利用率等，促进物质在农业生态系统内部的循环利用和多次重复利用，以尽可能少地投入，求得尽可能多地产出，并获得生产发展、能源再利用、生态环境保护、经济效益等相统一的综合性效果，使农业生产处于良性循环中。生态农业不同于一般农业，它不仅避免了“石油农业”的弊端，而且发挥出了明显的优越性。通过适量施用化肥和低毒高效农药等，生态农业突破了传统农业的局限性，但又保持其精耕细作、施用有机肥、间作套种等优良传统。生态农业既是有机农业与普通农业相结合的综合体，又是一个庞大的综合系统工程和高效的、复杂的人工生态系统以及先进的农业生产体系。

综上所述，我国的生态农业是指在保护、改善农业生态环境的思想指导下。按照农业生态系统内物种共生、物质循环、能量多层次利用等生态学原理和经济学原理。因地制宜，运用系统工程方法和现代科学技术，运用现代科学技术成果和现代管理手段以及传统农业的有效经验建立起来的，集约化经营的农业发展模式。充分发挥地区资源优势，依据经济发展水平及“整体、协调、循环、再生”原则，运用系统工程方法，全面规划、合理组织农业生产，实现农业高产优质高效持续发展，达到生态和经济两个系统的良性循环，使农业的经济效益、生态效益、社会效益协调统一的现代化农业。

（二）生态农业的发展趋势

1. 生态农业产业化

21 世纪全球注重生态农业的发展，决定了生态产业是产业革命的必然结果。同样，21 世纪的现代化发展方向也必然使农业现代化纳入生态发展的轨道。由于当前我国农业出现的社会效益与自身经济效益的矛盾、分散农户与大市场的矛盾以及受市场和自然资源双重约束的几大矛盾并没有完全解决，农业生产从数量向品种、质量转化，产值贡献弱化，市场贡献以及农业环境贡献逐渐增大的现实，决定了发展生态农业，特别是发展生态农业产业化的必要性。

2. 生态农产品质量标准化，生态农业生产规范化

国内农产品质量标准制订的滞后，直接影响了我国农产品质量的提高，降低了我国农产品在国际市场中的竞争力，因此，应加快农产品质量标准的制订。在进一步完善农业生态环境监测网的基础上，应重点加强农产品质量安全检测机构建设，形成功能齐全的省、市、县梯级农产品质量检测体系。通过全国农产品监测网络，对农产品质量实施统一的监测监控，对农产品的生产过程进行全程监控，使质量管理关口前移，提高农产品的质量与安全性，保证向市场提供无公害、绿色或有机食品，提高产品的品牌价值和信誉度，建设完善的市场与流通体系，维护生产者和消费者的利益。

3. 科技对生态农业发展的促进作用将得到强化

农业高科技日益成为发达国家农业持续发展和产业升级换代的支撑，利用现代生物技术培育新品种，进行生物病虫害防治，提高农产品产量和品质，降低生产成本，已经渗透到农业的常规技术领域。而我国在生态农业产业化方面还缺乏相应的原创性研究和应用，与发达国家相比差距较大。所以，我们要加大农业科技投入，鼓励科技创新，加快农业科技发展，提高产品的技术含量和科技附加值，解决我国农产品技术含量较低的致命弱势。

（三）中国生态农业的技术措施

生态农业是从生物与环境两个方面来研究农业的生产过程，所以，生态农业技术措施也应该包括这两个方面的内容。主要的技术措施如下。

1. 水土流失和土地沙化综合治理技术

防止水土流失最主要的措施就是增加植被，严禁毁林开荒，实行造林种草，封山育林，在农业生产中采用等高种植法以及横坡带状间作等方法。

2. 防止土壤污染技术

控制和消除工业外排污染源，严格控制污染物进入土壤；研制生产高效、低毒、低残留的新型农药，代替剧毒高残留农药；利用生物防治技术，实现以虫治虫，以菌治虫；利用微生物的转化、降解作用，减少污染物的残留。

3. 水体富营养化的防治技术

水体富营养化是指在人类活动影响下，水体中的氮、磷等营养物质含量增高，使水中的藻类等生物大量繁殖而对水体产生为害。控制方法包括：控制外源性营养物质输入，减少水体营养物质富集的可能性；减少内源性营养物质积聚，挖掘底泥沉积物，进行水体深层曝气；用化学药剂杀藻；利用水生生物（如凤眼莲、芦苇、丽藻等）吸收、利用氮、磷元素以除去这些营养物质。

4. 生物共生互惠及立体布局技术

共生互惠和立体布局包括植物与植物、植物与动物、动物与动物等的相互组配和合理布局，如稻田养鱼，蔗田种蘑菇，鲢鱼、鳙鱼、草鱼、鲫鱼和河蚌混养等。

5. 农业环境和农业生产自净技术

自净技术即在生产系统内，将上一级生产产出的废弃物，变为下一级生产的有效投入，从而避免污染物的外排而影响洁净的环境。如人畜粪尿还田，田边和村边种植防护林带，鸡（粪）-猪（粪）-鱼（塘泥）-作物（农副产品）-鸡、猪食物链技术等。

6. 有害生物的综合治理技术

综合治理技术包括病虫害、杂草的生物防治技术，采用作物的间套轮作、不同耕作法等方法以及利用各种物理、机械方法防治病虫草害等。

7. 农村能源的开发和利用

（1）充分利用太阳能。如建太阳能温室、塑料大棚、地膜覆盖、太阳能干燥器、太阳能取暖器、太阳能蓄水池等。大力营造薪炭林，解决农村能源短缺的问题。

（2）积极发展沼气。

（3）利用风能、水能以及其他能源。

二、观光休闲农业

（一）观光休闲农业的概念

观光休闲农业是利用农村景观、农业活动、农村民俗文化，通过规划和开发，为人们提供兼有观光、休闲、娱乐、教育、生产等多种功能为一体的农业旅游活动，是一种生态旅游新类型。观光休闲农业的发展，将农业观光、农事体验、生态休闲、自然景观、农耕文化等有机结合起来，既满足了城市居民崇尚自然、回归自然、享受自然的需要，又促进了乡村旅游业的崛起。

由于我国的休闲观光农业起步较晚，目前还存在以下不足：一是缺乏科学规划，现有的观光休闲农业基本上处于自发状态，缺少整体规划和科学认证，模式单一、风格雷同，缺少各自的独特创意；二是品位档次不高，经营规模偏小，项目内容单调，赋予特色的为数不多，影响了经济效益的提高；三是管理服务不够规范，管理人员绝大多数是原来生产、加工、营销的人员，服务人员基本上无服务行业的从业经验，缺乏管理经验，整体素质较低；四是宣传力度大但实际上扶持力度不大，基础设施资金投入不足制约了观光休闲农业的发展。

（二）我国观光休闲农业的具体发展方向

1. 依托田园和生态景观

乡村田园生态景观是现代城市居民闲暇生活的向往和旅游消费时尚，也是观光休闲农业赖以发展的基础。因此，①在选址

上，首先要考虑以周边优美的农村生态景观为依托，并与所规划的观光休闲农业项目特色相匹配。②在规划上，要以农业田园景观和农村文化景观为铺垫。选择园林、花卉、蔬菜、水果等特色作物，高新农业技术，特色农村文化，作为规划的基本元素。③在建设上，既要对农村环境的落后面貌进行必要的改造，同时，要注意保护农村生态的原真性。

2. 重视休憩和体验设计

观光休闲农业的客源，在节假日主要是近距离城市休憩放松的上班族，上班时间主要为退休人员，也有业务洽谈和会议选在生态景观和设施条件较好的观光休闲农业在景点进行。去观光休闲农业消遣，已经成为不少城市居民的一种生活方式。因此，策划成功的关键之一是如何处理好“静”和“动”，即养生休闲和运动休闲的关系。休憩节点的设计要“静”，所谓“静”就是田园的恬静和农家的祥和，就是要为人们提供恬静休闲的空间和场所。“动”主要是娱乐游憩或农事体验，要做到“动”的项目寓于“静”的景观之中。这样，既能满足城镇居民渴望回归自然、放松身心的休闲需求，又能满足城镇居民科学文化认知的需要，还能延长游憩时间、增加二次消费。

3. 挖掘民俗和农耕文化

要保持观光休闲农业项目长期繁荣兴盛，就应该在丰富观光休闲农业的文化内涵上下功夫。深入挖掘农村民俗文化和农耕文化资源，提升观光休闲农业的文化品位，实现自然生态和人文生态的有机结合。如传统农居、家具，传统作坊、器具，民间演艺、游戏，民间楹联、匾牌，民间歌赋、传说，名人胜地、古迹，农家土菜、饮品，农耕谚语、农具等，都是观光休闲农业在景观规划、项目策划和单体设计中，可以开发利用的重要民间文化和农耕文化资源。

4. 突出特色和主题策划

特色是观光休闲农业产品的核心竞争力，主题是观光休闲农业产品的核心吸引力。要认真摸清可开发的资源情况，分析周边观光休闲农业项目特点，巧用不同的农业生产与农村文化资源营造特色。农村资源具有的地域性、季节性、景观性、生态性、知识性、文化性、传统性等特点，都是营造特色时可利用的特性。根据资源特性和项目定位，进行主题策划。

三、创汇农业

创汇农业又称外向型农业，是指以国际市场为导向，专门围绕出口来组织生产与加工各种适销对路的农副产品、畜产品、水产品，参与国际市场竞争和交换的一种“贸工农”外向型农业。其主要依靠现代科学技术，引进国内外优良品种、先进技术装备，同当地优越的农业生产条件和丰富的农业自然资源、劳动力资源及灵活的家庭经营等以最佳方式组合起来纳入社会化专业生产体系，建立起各种名优特农副产品、畜产品、水产品规模生产基地，并以基地为中心形成一个高技术、新品种、多种类、大批量、低成本、高效益、出口创汇能力强的外向型农业生产体系。其发展有助于推动传统农业及其生产手段的改造，从而最终达到推动整个农业现代化进程的目的。

美国、法国、荷兰、巴西、泰国等是农产品出口创汇的主要国家，它们成功的经验：一是政府对创汇农业采取保护和支持政策；二是以国际市场变化为导向，及时调整农业生产结构和农产品出口结构；三是增加加工农产品出口，提高出口农产品的附加值；四是外贸、加工、生产密切联系，产供销、贸工农一体化经营；五是重视科学技术在创汇农业中的作用；六是因地制宜，发挥资源和经济优势。

四、都市农业

都市农业是指地处都市及其延伸地带，紧密依托并服务于都市的农业。它是大都市中、都市郊区和大都市经济圈以内，以适应现代化都市生存与发展需要而形成的现代农业。都市农业是以生态绿色农业、观光休闲农业、市场创汇农业、高科技现代农业为标志，以农业高新科技武装的园艺化、设施化、工厂化生产为主要手段，以大都市市场需求为导向，融生产性、生活性、生态性为一体，高质高效和可持续发展相结合的现代农业。都市农业包括都市农业公园、观光公园、市民公园、休闲农场、教育农场(含科普基地)、高科技农业园区、森林公园、民俗观光园、民宿农庄。

五、有机农业

有机农业是一种完全不用化学肥料、化学农药、生长调节剂、畜禽饲料添加剂等人工合成物质，也不使用基因工程生物及其产物的生产体系，其核心是建立和恢复农业生态系统的生物多样性和良性循环，以维持农业的可持续发展。在有机农业体系中，作物秸秆、畜禽肥料、豆科作物、绿肥和有机废弃物是土壤肥力的主要来源；作物轮作以及各种物理、生物和生态措施是控制杂草和病虫害的主要手段。

有机农业的发展可以帮助解决现代农业带来的一系列问题，如严重的土壤侵蚀和土地质量下降，农药和化肥大量使用给环境造成的污染和能源的消耗、物种多样性的减少等；还有助于提高农民收入，发展农村经济。据美国的研究报道，有机农业投入品成本比常规农业减少 40%，而有机农产品的销售价格比普通产品要高 20%～50%。同时，有机农业的发展有助于提高农民的就业率，有机农业是一种劳动密集型农业，需要较多的劳动力。另外，有机农业的发展可以更多地向社会提供纯天然无污染的有机食品，更好地满足人们的需求。

有机农业的本质是尊重自然、顺应自然规律和生态学原理。有机农业的生产方式主要具有以下特点：一是选用合理的抗性作物品种，利用间套作技术，保持生物多样性，采用生物和物理方法防治病虫草害等，创造有利于天敌繁殖而不利于害虫生长的环境，满足作物自然生产条件。二是禁止使用转基因产物及技术。三是采用合理的耕作制度，保护环境，防止水土流失。建立包括豆科作物在内的作物轮作体系，利用秸秆还田、施用绿肥和动物粪便等措施培肥土壤，保持土壤养分循环，保持农业的可持续性。四是协调种植业和养殖业之间的平衡，根据土壤的承载能力确定养殖的牲畜量。五是有机农业生产体系的建立需要一个有机转换的过程。总之，有机农业要建立循环再生的农业生产体系，保持土壤的长期生产力；把系统内的土壤、植物、动物和人类看作相互关联的有机整体，加以关怀和尊重；采用土地与生态环境可以承受的方式进行耕作，按照自然规律从事农业生产。

国际有机农业标准体系的特点是：强调有机农业的基本原则是可持续发展的思想。在这个原则指导下进行农产品的生产、加工和贸易；强调有机农业应该禁止或基本不使用化学合成的肥料、农药和添加剂：强调有机农业的基本形式是以自然和生态保护为基础的生产方式，不提倡应用集约化生产方式；强调有机农业的标准是对过程进行全程控制，而不是简单地两头控制（基地和产品控制）和所谓的化验分析；强调有机农产品的产品质量不一定必须比常规农产品优秀，以免造成宣传上的误导；强调有机农产品的认证需要对全程进行控制，包括检查、认证和授权。

六、智慧农业

智慧农业是工厂化农业的高级阶段，是在相对可控的环境条件下，采用工业化生产，实现集约高效可持续发展的现代超前农业生产方式，是农业先进设施与露地相配套，具有高度的技术规范和高效益的集约化规模经营的生产方式。它融科研、生产、加工、销售为一体，实现周年性、全天候、反季节的企业化规模化生产：集生物技术、信息技术、新材料技术、自动化控制技术和现代先进农艺技术，互联网、移动互联网、云计算和物联网等现代通信技术，依托部署在农业生产现场的各种传感节点（环境温湿度、土壤水分、二氧化碳、图像等）和无线通信网络实现农业生产环境的智能感知、智能预警、智能决策、智能分析和专家在线指导，为农业生产提供精准化种植、可视化管理、智能化决策。

智能农业产品通过实时采集温室内温度、土壤湿度、二氧化碳浓度、空气湿度信号以及光照、叶面湿度、露点温度等环境参数，自动开启或者关闭指定设备。可以根据用户需求，随时进行处理，为设施农业综合生态信息自动监测、对环境进行自动控制和智能化管理提供科学依据。通过模块采集温湿度传感器等信号，经由无线信号收发模块传输数据，实现对大棚温湿度的远程控制。

智慧农业从根本上改变了传统农业，是我国农业新技术革命的跨世纪工程，农业物联网使农业逐渐地从以人力为中心、依赖于孤立机械的生产模式转向以信息和软件为中心的生产模式，从而大量使用各种自动化、智能化、远程控制的生产设备。其特点：一是科技含量高，生产设施集中了现代农业的分析技术、电脑智慧管理，节能、省力，能按照需要自动调控实现周年生产，按合同生产，与市场接轨；生产性能好，产量、质量稳定。二是生产速度快，是土耕作物的3~4倍。三是保护环境，不破坏生态，生产环境清洁，工作轻松，商品率高，资金周转快，经济效益高，可发展生态农业、立体农业。四是无土传病害，一般不使用农药和土壤消毒剂；无连作障碍，可随意安排茬口，省水、省肥，肥料利用率高。五是融产前、产中、产后和营销为一体化。六是农业生态由体力劳动转换为脑力劳动，成为人们喜爱的行业。

目前，世界智慧农业设施面积已达60万公顷，荷兰、日本、以色列等国的设施设备标准化程度、种苗技术及规范化栽培技术、植物保护及采后加工商品化技术、新型覆盖材料开发应用技术、设施综合环境调控及农业机械化技术等，都有较高的技术水平。

七、设施农业

设施农业就是运用现代工业技术成果和方法、用工程建设的手段为农产品生产提供可以人为控制和调节的环境和条件，使植物和动物处于最佳的生长状态，使光、热、土地等资源得到最充分的利用，形成农产品的工业化生产和周年生产，从而更加有效地保证农产品的供应，提高农产品质量、生产规模和经济效益，促进农业现代化。

设施农业主要内容是与集约化种植、养殖业相关的园艺设施和畜禽舍的环境创造、环境控制技术及其配套的各种技术与装备。因此，设施农业又被称为工厂化农业。

（一）设施农业的概念

设施农业是在不适宜生物生长发育的环境条件下，通过建立结构设施，在充分利用自然环境条件的基础上，人为地创造生物生长发育的生长环境条件，实现高产、高效的现代农业生产方式，包括设施种植和设施养殖。通常所说的设施农业是设施种植，即植物的设施栽培，是指在采用各种材料建成的，具有对温、光、水、肥、气等环境因素控制的空间里，进行植物栽培的农业生产方法。

设施农业作为农业生态系统的一个子系统，既具有农业生态系统的一般特征，也具有与一般生态系统明显不同的自身特点：一是人的干预和控制性强，包括对种群结构、环境结构产品形态和流通、采收与上市等都有人的干预和控制；二是物资和资金投入大，设施农业是集约化程度非常高的现代农业生产方式，自然要求有大量物质能量的投入；三是具有生态、经济的双重性，属于典型的生态经济系统；四是地域差异性显著。

从长远看设施农业，一是提高了农产品品质要求，农业由数量型向质量型提高，解决大宗产品结构性剩余矛盾，加快农业产业升级换代依靠设施农业已成必然措施之一；二是发展现代农业要求，发展高效农业对农业生产管理提出更高要求，农业生产各个环节都要采用现代化手段，实施科学管理，规模集约经营，提高农业设施化、标准化是现代农业重要内涵；三是出口市场需要，设施农业是废除技术壁垒、绿色壁垒重要技术手段；四是保护环境，持续发展的需要。

（二）设施农业的类型

目前我国设施农业的种类很多，形式各异，一般分为塑料大棚、小拱棚（遮阳棚）、日光温室、连栋温室（玻璃/PC板连栋温室、塑料连栋温室）、植物工厂等。

1. 小拱棚

小拱棚（遮阳棚）的特点是制作简单，投资少，作业方便，管理非常省事。其缺点是不宜使用各种装备设施，并且劳动强度大，抗灾能力差，增产效果不显著。主要用于种植蔬菜、瓜果和食用菌等。

2. 塑料大棚

塑料大棚是我国北方地区传统的温室，农户易于接受。塑料大棚以其内部结构用料不同，分为竹木结构、全竹结构、钢竹混合结构、钢管（焊接）结构、钢管装配结构以及水泥结构等。

总体来说，其优点是塑料大棚造价比日光温室要低，安装拆卸简便，通风透光效果好，使用年限较长，主要用于果蔬瓜类的栽培和种植。其缺点是棚内立柱过多，不宜进行机械化操作，防灾能力弱，一般不用于越冬生产。

3. 日光温室

日光温室有采光性和保温性能好、取材方便、造价适中、节能效果明显，适合小型机械作业的优点。天津市推广新型节能日光温室，其采光、保温及蓄热性能很好，便于机械作业；其缺点在于环境的调控能力和抗御自然灾害的能力较差，主要种植蔬菜、瓜果及花卉等。青海省比较普遍的多为日光节能温室，辽宁省也将发展日光温室作为该省设施农业的重要类型，甘肃、新疆、山西和山东等省区的日光温室分布比较广泛。

4. 连栋温室

有玻璃/PC 板连栋温室和塑料连栋温室两类。

玻璃/PC 板连栋温室，该温室具有自动化、智能化、机械化程度高的特点，温室内部具备保温、光照、通风和喷灌设施，可进行立体种植，属于现代化大型温室。其优点在于采光时间长，抗风和抗逆能力强，主要制约因素是建造成本过高。福建、浙江、上海等省市的玻璃/PC 板连栋温室在防抗台风等自然灾害方面具有很好的示范作用。塑料连栋温室以钢架结构为主，主要用于种植蔬菜、瓜果和普通花卉等。其优点是使用寿命长，稳定性好，具有防雨、抗风等功能，自动化程度高；其缺点与玻璃/PC 板连栋温室相似，一次性投资大，对技术和管理水平要求高。一般作为玻璃/PC 板连栋温室的替代品，更多用于现代设施农业的示范和推广。

5. 植物工厂

植物工厂是继温室栽培之后发展的一种高度专业化、现代化的设施农业。它与温室生产的不同点在于完全摆脱大田生产条件

下自然条件和气候的制约，应用现代化先进技术设备，完全由人工控制环境条件，全年均衡供应农产品。目前，高效益的植物工厂在某些发达国家发展迅速。已经实现了工厂化生产蔬菜、食用菌和名贵花木等。美国现在正在研究利用“植物工厂”种植小麦、水稻，以及进行植物组织培养和脱毒、快繁。据报道，日本已有企业投资兴建了面积为1 500平方米的植物工厂，并安装有农用机器人，从播种、培育到收获实现了电气化。由于这种植物工厂的作物生长环境不受外界气候等条件影响，一些叶类蔬菜种苗移栽2周后，即可收获，全年收获产品20茬以上，蔬菜一般平均年产量是露地栽培的数十倍，是温室栽培的10倍以上。荷兰、美国采用工厂化生产蘑菇，每年可栽培6.5个周期，每周期只需20天，产蘑菇每平方米25.27千克。目前，世界上已有几十个植物工厂在生产应用中。

八、标准化农业

(一) 标准化农业的概念

标准化农业是以农业为对象的标准化活动，即运用“统一、简化、协调、选优”原则，通过制定和实施标准，把农业产前、产中、产后各个环节纳入标准生产和标准管理的轨道。农业标准化是农业现代化建设的一项重要内容，它通过把先进的科学技术和成熟的经验组装成农业标准，推广应用到农业生产和经营活动中，把科技成果转化为现实的生产力，从而取得经济、社会和生态的最佳效益，达到高产、优质、高效的目的。农业标准化的内容十分广泛，主要有以下7项：农业基础标准、种子种苗标准、产品标准、方法标准、环境保护标准、卫生标准、农业工程和工程构件标准、管理标准等。

(二) 标准化农业特征

我国于2001年启动“无公害食品行动计划”，2002年全国各地高度重视农业标准化体系建设，并加以推广实施，这标志着我国农业标准化生产迈上了一个新的台阶。

1. 以标准需求为动因

要为人类提供标准农产品，无疑必须发展标准农业，以满足人们对标准农产品的需求。一是健康需求，即人们对农产品的标准需求应满足人们的健康需要，农产品各种物质的含量应与人们的健康需要相一致。二是多维需求，即人们对农产品的标准需求应满足人们的多维需求，也即不仅局限于营养和品尝需求，而且包括卫生和审美需求。三是水平需求，即人们对农产品的标准需求总是随着人们生活水平的提高，特别是生活质量水平的提高而提高。

2. 以标准产品为目标

标准农产品一般应具备如下 4 种统一标准：一是营养标准。人类要健康，这些营养素的数量必须能满足人体的要求，每一种农产品都包含若干种营养素，标准农产品所包含的各种营养素含量都必须达到统一的标准。二是品尝标准。即标准农业生产的农产品必须满足人们的品尝需要，符合人们的品感。三是卫生标准。即标准农业生产的农产品必须能满足人们健康需要，符合人们的健康要求，特别是有害物质含量绝对不能超标。四是审美标准。即标准农业生产的农产品还必须能满足人们的审美需要，符合人们的审美要求，产品外观要有美感，且同种产品外观要一致。

3. 以标准理念为指导

要发展标准农业，生产标准产品，必须树立农业标准化理念，以标准文化为向导，形成标准的思维方式，培育标准的行为方式，追求标准的农业事业。确切地讲，标准农业文化指的是在标准农业的产生、形成和发展的过程中，通过农业标准的制定、农业生产质量环境的营造、农业标准技术的研制、农业质量标准

的监测、农业标准生产的管理，而形成的一种产业文化。标准思维方式指的是从农业标准化的角度去思考问题、认识问题、判断问题、审定问题。标准行为方式指的是在农业生产的过程中，自始至终、各个环节都围绕农业标准来进行。标准农业事业则是指通过农业标准的制定、农业生产质量环境的营造、农业标准技术的研制、农业质量标准的监测、农业标准生产的管理，按照标准生产农产品的全过程。

4. 以标准文件为依据

标准文件包括如下 4 种：一是农产品质量标准。应包含农产品的营养、品尝、卫生和审美标准等内容。二是农业生产技术过程规程标准。应包含产地选择、备耕、规格、栽植、施肥、灌水、防治病虫害、收获等标准内容。三是农业投入品质量标准。应包括农业投入品的品种、规格、主要要素含量、有害物质残留量、用途和使用方法等标准内容。四是农业生产环境质量标准。应包含土壤肥力水平、水质、有毒物质限量、农田基本建设水平、空气、周围环境等标准内容。

5. 以标准环境为条件

环境标准应包括如下 3 个方面的内容：一是生态环境。产地周围的环境应达到良性循环的要求，不但植被状态好、水土保持好，而且植被之间、植被与水土之间、周围植被与产地之间形成互促互补的生物链。二是安全环境。即产地及其周围环境的有害物质，特别是土壤、水和空气中的有害物质含量应低于限量水平，不影响人体健康，符合生活质量水平日益提高的人们对安全质量的要求。三是地力环境。产地土壤肥力水平达到高产稳产地力水平，产地土壤的有机质、氮、磷、钾及其他微量元素含量丰富，比例协调，能满足高产优质作物生长发育的基本要求。

6. 以标准技术为手段

标准技术包含 3 个方面：一是农业生产环境质量控制技术。

这一技术应以农业生产环境质量标准为依据，围绕标准农产品对农业生产环境的生态、安全、地力要求，通过植被营造、水土保持等生态措施，通过开挖环山沟、排除有害物质等安全措施和广辟肥源、用地养地等养地措施，使农业生产环境质量达到生产标准农产品的要求。二是农业投入品质量控制技术。农业投入品包括肥料、农药、激素、农膜等。这一技术也应以农业投入品质量标准为依据，围绕标准农产品对农业投入品的要求，通过对农业投入品生产原料的选择、把关，通过对农业投入品生产技术的运作和方法的操作，使农业投入品质量达到生产标准农产品的要求。三是农业生产过程质量控制技术。这一技术同样应以农业生产过程规程质量标准为依据，围绕标准农产品对农业生产过程规程的要求，通过园地选择、规划、备耕、种植规格、栽植、施肥、灌水、防治病虫害、盖膜、收获等技术的标准使用，使农业生产过程质量达到生产标准农产品的要求。

7. 以标准监测为约束

标准监测包含 3 个方面的内容：一是农业生产环境质量监测，即监测农业生产环境之生态因素、安全因素和地力因素是否达到标准文件所要求、规定的质量水平。二是农业投入品质量监测，即监测肥料、农药、激素和农膜等农业投入品之主要理化指标是否达到标准文件的要求、规定的质量水平。三是农产品质量监测，即监测农产品之营养、品尝、卫生和审美要素是否达到标准文件所要求、所规定的标准水平。

8. 以标准管理为保障

标准管理包含如下内容：一是产地认定和产品认证体系。即国家必须建立权威的安全优质农产品的产地认定和产品认证机构。二是市场准入机制体系。即根据农产品分布和密集情况，设置相应的农产品安全质量监督机构，对农产品进行安全检查，符合安全质量要求的发给市场准入证，允许进入市场，进入消费，

否则，予以拒绝，以维护消费者权益。三是品牌安全优质农产品评审体系。即建立国家授权、认可的品牌安全优质农产品评审机构，建立系统、规范、有序、理性的品牌安全优质农产品评审机制，定期对农产品进行评审，对荣获品牌安全优质农产品称号的，授予荣誉证书，以促进安全优质农产品向品牌化的方向发展，提高品牌安全优质农产品的知名度和市场竞争力。四是对假冒伪劣农产品打击、制裁体系。即加强执法队伍的建设，以标准文件为依据，以安全优质农产品认证证书及其使用标志为凭证，以农业标准有关法律、法规为手段，开展对假、冒、伪、劣农产品的打击、制裁，以维护安全优质农产品的正常生产和市场营销。五是法律、法规体系。即以宪法为指导，根据我国的实际，制定一部关于农业标准化或标准农业的法律或法规，使农业标准化工作、标准农业生产纳入法制的轨道，并能够在法律的约束下有序、理性、规范、健康地向前发展。六是组织机构体系。即从中央到地方，建立、健全农业标准化工作机构，设置专门岗位，配备专门人员，装备专门设备，编制农业标准化工作专门路线图，使用农业标准化专门资料，执行农业标准化工作专门操作程序，以标准的组织机构，通过标准的工作，确保农业标准化工作有序、理性、规范、健康地向前发展。

九、精准农业

（一）精准农业的概念

精准农业是当今世界农业发展的新潮流，是由信息技术支持的根据空间变异。定位、定时、定量地实施一整套现代化农事操作技术与管理的系统，其基本含义是根据作物生长的土壤性状，调节对作物的投入，即一方面查清田块内部的土壤性状与生产力空间变异；另一方面确定农作物的生产目标，进行定位的“系统诊断、优化配方、技术组装、科学管理”，调动土壤生产力，以最少的或最节省的投入达到同等收入或更高的收入，并改善环境，高效地利用各类农业资源，取得经济效益和环境效益。

（二）精准农业的特点

精准农业是在现代信息技术、生物技术、工程技术等一系列高新技术最新成就的基础上，发展起来的一种重要的现代农业生产形式，其核心技术是地理信息系统、全球定位系统、遥感技术和计算机自动控制技术。

1. 现代信息技术

精准农业从20世纪90年代开始在发达国家兴起，目前已成为一种普遍趋势，英国、美国、法国、德国等国家纷纷采用先进的生物、化工乃至航天技术，使精准农业更加“精准”，美国把曾在海湾战争中运用过的卫星定位系统应用于农业，这种技术被称为“精准种植”，即通过装有卫生定位系统的装置，在农户地里采集土壤样品，取得的资料通过计算机处理，得到不同地块的养分含量，精准度可达1~3平方米。技术人员据此制订配方，并输入施肥播种机械的电脑中。这种机械同样装有定位系统，操作人员进行施肥和播种可以完全做到定位、定量。还可将卫星定位系统安装在联合收割机上，并配置相连的电子传感器和计算机，收割机工作时可自动记录每平方米农作物产量、土壤湿度和养分等的精确数据。

2. 现代生物技术

现代生物技术最显著的特点是打破了远缘物种不能杂交的禁区，即用新的生物技术方法开辟一个世界性的新基因库源泉，用新方法把需要的基因组合起来，培育出抗病性更强、产量更高、品质更好、营养更丰富，且生产成本更低的新作物、新品种；另外，现代生物技术还具有节约能源、连续生产、简化生产步骤、缩短生产周期、降低生产成本、减少环境污染等功效。例如，美国把血红蛋白基因转移到玉米中，不仅保持了玉米的高产性能，

而且提高了它的蛋白含量。抗转基因水稻、玉米、土豆、棉花和南瓜等已在美国、阿根廷、加拿大数百万公顷土地上试种。

微生物农业是以微生物为主体的农业。微生物在合成蛋白质、氨基酸、维生素、各种酶方面的能力比动物、植物高上百倍；微生物还可利用有机废弃物，变废为宝、保护生态环境。利用有益微生物，不仅可获得大量生物量，用于制作食用蛋白质以及脂肪、糖类等专门食品，而且生物技术在生物防治、土壤改良方面也有突出表现。

3. 现代工程装备技术

现代工程装备技术是精准农业技术体系的重要组成部分，是精准农业的“硬件”，其核心技术是“机电一体化技术”。在现代精准农业中，现代工程装备技术可以应用于农作物播种、施肥、灌溉和收获等各个环节。

精准播种：是将精准种子工程与精准播种技术有机结合，要求精准播种机播种均匀、精量播种、播深一致。精准播种技术既可节约大量优质种子，又可使作物在田间获得最佳分布，为作物的生长和发育创造最佳环境，从而大大提高作物对营养和太阳能的利用率。

精准施肥：是能根据不同地区、不同土壤类型以及土壤中各种养分的盈亏情况、作物类别和产量水平，将氮、磷、钾和多种可促进作物生长的微量元素与有机肥加以科学配方，从而做到有目的地施肥，既可减少因过量施肥造成的环境污染和农产品质量下降，又可降低成本。精准施肥要求有科学合理的施肥方式和具有自动控制的精准施肥机械。

精准灌溉：是指在自动监测控制条件下的精准灌溉工程技术，如喷灌、滴灌、微灌和渗灌等，根据不同作物不同生育期间土壤墒情和作物需水量，实施实时精量灌溉，可大大节约水资源，提高水资源有效利用率。

精准收获：是利用精准收获机械做到颗粒归仓，同时，还可以根据事先设定的标准准确地将产品分级。

十、信息化农业

信息化农业就是集知识、信息、智能、技术、加工和销售等生产经营要素为一体的开放式、高效化的农业。其核心是农业信息化。从计算机用于农业的时候算起，现在已经发展到了包括信息存储和处理、通信、网络、自动控制及人工智能、多媒体、遥感、地理信息系统、全球定位系统等阶段，出现了“智能农业”“精准农业”“虚拟农业”等高新农业技术。

农业信息化是指信息及知识越来越成为农业生产活动的基本资源和发展动力，信息和技术咨询服务业越来越成为整个农业结构的基础产业以及信息和智力活动对农业增长的贡献越来越大的过程。

伴随经济全球化和信息全球化的到来，信息化技术已渗透到各个行业、各个领域，有力地促进了全球经济与社会的发展。西方国家的农业已发展到信息化阶段，欧美国家农业信息已经全面实现了网络化、全程化和综合化，农业信息技术已进入产业化发展阶段。

第三节　现代农业的形成和发展趋势

一、现代农业的形成

按农业生产力性质和水平划分的农业发展史来说，农业发展可以划分为原始农业、传统农业和现代农业 3 个阶段。其中，现代农业属于农业的最新阶段。

（一）原始农业

原始农业是从新石器时代到铁器工具出现以前的农业，经历了7 000~8 000年时间，总体上是自然状态下的农业。原始农业处于农业的萌芽时期，但人类已开始由顺应自然到积极地干预自然，由获取自然界现存食物到有目的地生产人类所需要的食品，尤其是开始了对野生动植物的驯化，实现了采集向种植业、狩猎向畜牧业的转变。原始农业以刀耕火种为基本生产方式，运用木、石等简单工具，火与水等生产手段在一定程度上得以应用。"饭稻羹鱼，或火耕而水耨。"耕作方式主要依靠撂荒自然恢复地力，农田在大部分时间仍被自然植被所控制，劳动者的技能来自有限的经验积累，生产基本上只有种和收2个环节（我国相传后稷"教民稼穑"，稼即是播种，穑即是收割），土地利用率和农业劳动生产率低下。生产力各要素处于自然状态，人类对农业生态系统的干预能力很小。

（二）传统农业

传统农业是从铁器工具的使用到工业化以前的农业，经历了2 000多年时间，基本上是自给自足的农业。这一时期，人类在冶铁术和畜力使用的基础上发明了耕犁，大量采用畜力并开始采用半机械化生产工具，创造了利用人工施用有机肥提高土壤肥力的办法，发明了改善农作物和牲畜性状的技术，创立了间作、套种等轮作复种制度，劳动者越来越多地从自然科学及其研究成果中获得相应技能，利用和改造自然的能力有了进步。但这一阶段的农业"完全以农民世代使用的各种生产要素为基础"，生产要素在封闭的体系内流动配置，主要靠农业内部的能量和物质循环来维护平衡，生产方式基本上是维持简单再生产、长期缓慢发展甚至停滞的小农经济。

（三）现代农业

现代农业是从工业革命以来形成的农业，是逐步走向商品化、市场化的农业。这一阶段，农业在市场经济框架下，广泛运用现代工业成果和科技、资本等现代生产要素，农业从业人员不断减少，但农业劳动者具有较多的现代科技和经营管理知识，农业生产经营活动逐步专业化、集约化、规模化，农业劳动生产率得到大幅度提高。

二、现代农业的发展趋势

1. 由“平面式”向“立体式”发展

农业生产中巧用各类作物的“空间差”和“时间差”，进行错落组合，综合搭配，构成多层次、多功能、多途径的高效生产系统。如华北平原“杨上粮下”复合种植模式。

2. 由“自然式”向“车间式”发展

现在多数农业依赖自然条件，俗称“靠天吃饭”。生产中农作物经常遭受自然灾害的袭击，受自然变化的干扰。未来农业生产多“车间”中进行，由现代化设施来武装，如玻璃温室和日光温室、植物工厂、气候与灌溉自动测量装备等。在这些设施中进行无土栽培、组织培养等。现在已经有相当部分的农作物由田间移到温室，再由温室转移到具有自控功能的环境室，这样农业就可以全年播种、全年收获。

3. 由“固定型”向“移动型”发展

在发达国家，出现了一种被称为移动农业的“手提箱和人行道农业”的农业经营方式，形成农民居住地与耕地相分离的格局。人分别在几个地方拥有土地，在耕作和收获季节往往都是一处干完活，提上手提箱再到别处去干，以期最大限度地提高农具使用率而不误农时。“手提箱和人行道农民”基本上以栽培谷物类为主，谷物类作物一般不需要经常性的管理，就能长得很好。再加上有便利的交通运输工具，优良的农业机械促成了“手提箱和人行道农业”的发展。

4. 由“石油型”向“生态型”发展

根据生态系统内物质循环各能量转化规律建立起来的一个复合型生产结构。如匈牙利最大的“生态农业工厂”是一座玻璃屋顶的庞大建筑物，其地上的作物郁郁葱葱，收获的产品被送进车间加工，其废渣转入饲料车间加工后再送到周围的牛栏、羊舍、猪圈和鸡棚。畜禽粪便则倾入沼气池。这家工厂的全部动力，都来自沼气和太阳能。它可为10万城镇人口提供所需要的粮、禽、蛋、奶和菜。

5. 由“粗放型”向“精细型”发展

精细农业又称为数字农业或信息农业。精细农业就是指运用数字地球技术，包括各种分辨率的遥感、遥测技术、全球定位系统、计算机网络技术、地球信息技术等技术结合的高新技术系统。近年来，精细农业的范围除了犁耕作业外，还包括精细园艺、精细养殖、精细加工、精细经营与管理，甚至包括农、林、牧、养、加、产、供销等全部领域。

6. 由“农场式”向“公园式”发展

农业将由单位经营第一产业到兼营第二产业和第三产业发展。农业将变为可供观光的公园，呈现出一派优美的自然风光，农产品布局美观合理和富有艺术观赏的价值，人们漫步其间，尽尝果品的美味，趣在其中，心旷神怡，如旅游农业等。

7. 由“机械化”向“自动化”发展

农业机械给农业注入了极大的活力，带来了巨大的效益。大大地节约了劳动力，促进了城市化进程，也促进了第二产业和第三产业的发展。随着计算机的发展和广泛应用，这些机械将要进一步发展为自动化。今后会有更多智能化机器人将参与农业的管理。

8. 由“陆运式”向“空运式”发展

所谓“空运农业”就是利用飞机将各种蔬菜、水果、花卉

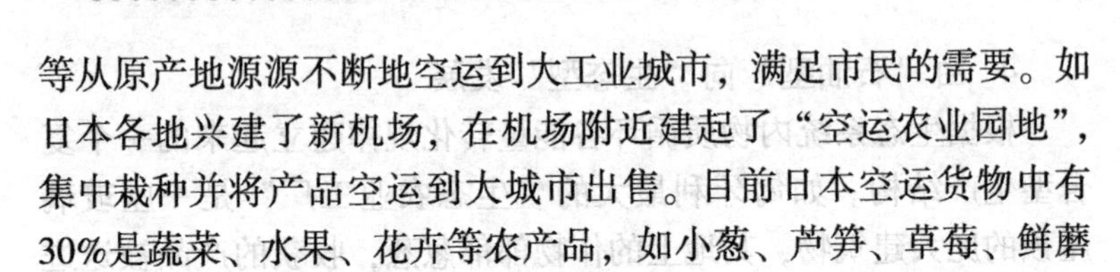

等从原产地源源不断地空运到大工业城市，满足市民的需要。如日本各地兴建了新机场，在机场附近建起了“空运农业园地”，集中栽种并将产品空运到大城市出售。目前日本空运货物中有30%是蔬菜、水果、花卉等农产品，如小葱、芦笋、草莓、鲜蘑菇、番茄、葡萄、枇杷、菊花、郁金香等。

9. 由“化学化”向“生态化”发展

减少化学物质、农药、植物生长调节剂的使用，转变为依赖生物，依赖生物自身的性能进行调节，使农业生产处于良性生物循环的过程，使人与自然在遵循自然规律的前提下，协调发展。

10. 由“单一型”向“综合型”发展

在现代集约种植业中。种植作物比较单一，随着生态农业和有机农业以及旅游农业的发展，使得单一的种植业向种植→养殖→沼气→加工等多位一体发展，发展旅游农业使得第一、第二、第三产业相结合，农业逐渐从单一的种植业向多业综合发展，延长产业链条，不断提高农业综合效益。

第二章　农业政策及法规

第一节　农业供给侧改革

经济增长有“三驾马车”之说，即投资、出口和消费。这“三驾马车”可以说是经济的主要动力，是“需求侧”。要拉动经济增长，需求必须跟上，常规的做法是增加投资、扩大出口、刺激消费。但是一味地刺激需求会加重产能过剩、造成经济结构不合理等问题。

与“需求侧”对应的是“供给侧”，如果“需求侧”改革受困，必须换新思路、用新办法，那就是“供给侧”改革。以前我国消费动力不够，靠刺激消费需求是可行的，现在有消费动力，但供给的产品却满足不了消费者的需求，如日本的马桶盖、韩国的彩妆、澳大利亚的奶粉……遭海淘族哄抢，说明我国生产的这些产品质量不好。这就是“供给侧”出了问题。

为什么要进行农业供给侧结构性改革？

当前中国农业面临诸多矛盾和难题，如在粮食生产上呈现出生产量、进口量、库存量“三量齐增”的怪现象；农事生产还受农产品价格“天花板”封顶、生产成本“地板”抬升等因素的影响和挑战。国内外农业资源配置扭曲严重，国内过高的粮食生产成本在海外不具备竞争优势，增产越多亏损越多。

这些“病根”主要出在我国农业结构和农业政策上。供给侧结构改革要深入农业领域，就要调整农业结构以提高农产品供给的有效性，增强农业资源在市场中的配置。推动农业生产提质增效，破解中国农业发展困境。

农业供给侧结构性的改革需要改什么？中央农村工作确定了“农业供给侧结构性改革”的大方向为“去库存、降成本、补短板”。根据中央农村工作会议精神。农业供给侧结构性改革要突出抓好6项重点任务，即调结构、提品质、促融合、降成本、去库存、补短板。

调结构：就是优化农业生产的品种结构，树立大农业、大食物观念，念好“山海经”、唱好“林草戏”，合理开发各类农业资源，统筹粮经饲发展，大力发展肉蛋奶鱼、果菜菌茶等，增加市场紧缺农产品生产，为消费者提供品种多样的产品供给。

提品质：就是着力提升农产品质量安全水平，适应消费升级的需要，大力推进标准化生产、品牌化营销，培育品牌，提高消费者对农产品供给的信任度。

促融合：就是推进农村一、二、三产业融合发展，深度挖掘农业的多种功能，把农业生产与农产品加工、流通和农业休闲旅游融合起来发展，培育壮大农村新产业新业态，更好满足社会对农业的多样化需求。

降成本：就是着力降低农业生产成本，通过发展适度规模经营、减少化肥农药等的不合理使用、开展社会化服务等，实现节本增效，提高农业效益和农产品竞争力。

去库存：就是加快消化个别农产品的积压库存。千方百计把过大的库存量减下来，积极支持粮食加工企业发展生产，特别要加快玉米库存消化，减少陈化损失。

补短板：就是大力弥补制约农业发展的薄弱环节，既要补农业基本建设之短，持续改善农业基础设施，提高农业物质技术装备水平，又要补农业生态环境之短，加强农业资源保护和高效利用，实施山水林田湖生态保护和修复工程，扩大退耕还林还草，

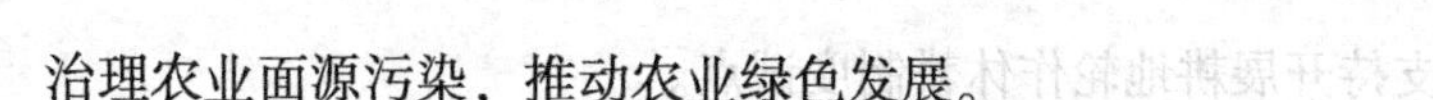

治理农业面源污染，推动农业绿色发展。

第二节 农村惠农政策

一、测土配方施肥补助政策

中央财政安排测土配方施肥专项资金 7 亿元，深入推进测土配方施肥，结合“到 2020 年化肥使用量零增长行动”，选择一批重点县开展化肥减量增效试点。创新实施方式，依托新型经营主体和专业化农化服务组织，集中连片整体实施，促进化肥减量增效、提质增效，着力提升科学施肥水平。项目区测土配方施肥技术覆盖率达到 90%以上，畜禽粪便和农作物秸秆养分还田率显著提高。配方肥推广面积和数量实现“双增”，主要农作物施肥结构、施肥方式进一步优化。

二、耕地轮作休耕试点政策

农业农村部提出今后 5 年轮作休耕试点的思路原则、目标任务、技术路径、重点区域、补助标准和保障措施。总的考虑，坚持生态优先、轮作为主、休耕为辅、自然恢复的方针，以保障国家粮食安全和不影响农民收入为前提，突出重点区域、加大政策扶持、强化科技支撑，加快构建用地养地结合的耕作制度体系。对于轮作，重点在“镰刀弯”地区开展试点，探索建立粮豆、粮油、粮饲等轮作制度。对于休耕，选择地下水漏斗区、重金属污染区、生态严重退化地区，探索建立季节性、年度性休耕模式，促进资源永续利用和农业持续发展。按照五中全会建议说明中提出的“对休耕农民给予必要的粮食或现金补助”的要求，农业农村部会同有关部门在整合现有项目资金的同时，结合湖南重金属污染区综合治理试点和河北省地下水超采综合治理试点项目，支持开展耕地轮作休耕制度试点。

三、菜果茶标准化创建支持政策

为解决蔬菜周年均衡供应问题，农业农村部在园艺作物标准化创建支持政策中启动了北方城市冬季设施蔬菜开发试点，力争形成南方蔬菜生产基地建设与北方城市设施蔬菜开发统筹协调，黄土高原、云贵高原和北部高纬度地区夏秋蔬菜，华南及西南、长江流域地区冬春蔬菜，黄淮海及环渤海地区重点设施蔬菜档期互补的生产布局。今后，在园艺作物标准化创建项目的资金安排上。将加大对种植大户、专业化合作社和龙头企业发展适度规模化生产的支持力度，进一步推进园艺作物生产的标准化、规模化、产业化。

四、化肥、农药零增长支持政策

按照《到2020年化肥使用量零增长行动方案》的要求，以用肥量大的玉米、蔬菜、水果等作物为重点。选择一批重点县开展化肥减量增效试点。一是大力推广化肥减量增效技术。依托规模化新型经营主体，建立化肥减量增效示范区，示范带动农户采用化肥减量增效技术，推进农机农艺结合改进施肥方式，提高化肥利用率。二是大力推动配方肥到田。开展农企合作推广配方肥活动，探索实施配方肥、有机肥到田补贴，推动配方肥、有机肥和高效新型肥料进村入户到田，优化肥料使用结构。三是大力推进社会化服务。积极探索政府购买服务有效模式，充分利用现代信息技术和电子商务平台，支持社会化农化服务组织开展科学施肥服务，深入开展测土配方施肥手机信息服务。

按照《到2020年农药使用量零增长行动方案》，大力推进统防统治、绿色防控、科学用药，减少农药使用量，提高利用率。一是推进统防统治与绿色防控融合。结合实施重大农作物病虫害

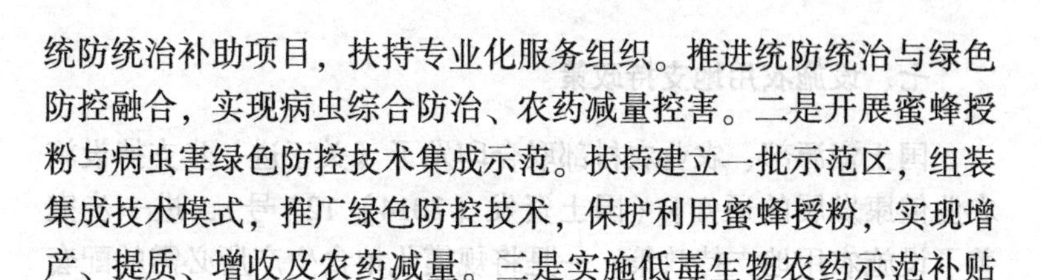

统防统治补助项目，扶持专业化服务组织。推进统防统治与绿色防控融合，实现病虫综合防治、农药减量控害。二是开展蜜蜂授粉与病虫害绿色防控技术集成示范。扶持建立一批示范区，组装集成技术模式，推广绿色防控技术，保护利用蜜蜂授粉，实现增产、提质、增收及农药减量。三是实施低毒生物农药示范补贴试点。

五、耕地保护与质量提升补助政策

中央财政安排专项资金8亿元，在全国部分县（场、单位），开展耕地质量建设试点。按照因地制宜、分类指导、综合施策的原则，推广应用秸秆还田、增施有机肥、种植绿肥等技术模式。一是退化耕地综合治理。重点是南方土壤酸化（包括潜育化）和北方土壤盐渍化的综合治理。施用石灰和土壤调理剂，开展秸秆还田或种植绿肥等。二是污染耕地阻控修复。重点是土壤重金属污染修复和白色（残膜）污染防控。施用石灰和土壤调理剂调酸钝化重金属，开展秸秆还田或种植绿肥等。三是土壤肥力保护提升。重点是秸秆还田、增施有机肥、种植绿肥。此外，中央财政安排专项资金5亿元，继续在东北4省区17个县（场）开展黑土地保护利用试点，综合运用复合型农艺措施，遏制黑土地退化趋势，探索黑土地保护利用的技术模式和工作机制。

六、加强高标准农田建设支持政策

中央1号文件明确要求，到2020年确保建成8亿亩（15亩=1公顷，全书同）、力争建成10亿亩集中连片、旱涝保收、稳产高产、生态友好的高标准农田，优先在粮食主产区建设确保口粮安全的高标准农田。目前，建设高标准农田的投资主要有，国土资源部国土整治、财政部农业综合开发、国家发改委牵头的新增千亿斤粮食产能田间工程建设和水利部农田水利设施建设补助等。

七、设施农用地支持政策

国土资源部、农业农村部联合印发了《关于进一步支持设施农业健康发展的通知》（国土资发〔2014〕127号），进一步完善了设施农用地支持政策。一是将规模化粮食生产所必需的配套设施用地纳入“设施农用地”范围。在原有生产设施用地和附属设施用地基础上，明确“配套设施用地”为设施农用地。将农业专业大户、家庭农场、农民合作社、农业企业等从事规模化粮食生产所必需的配套设施用地，包括晾晒场、粮食烘干设施、粮食和农资临时存放场所、大型农机具临时存放场所等设施用地按照农用地管理。二是将设施农用地由“审核制”改为“备案制”。按照国务院清理行政审批事项的要求，设施农用地实行备案制管理，细化用地原则、标准和规模等规定，强化乡镇、县级人民政府和国土、农业农村部门监管职责。三是细化设施农用地管理要求。明确设施农用地占用耕地不需补充耕地。使用后复垦，解决了“占一补一”难题。鼓励地方政府统一建设公用设施，提高农用设施利用效率。对于非农建设占用设施农用地的，应依法办理农用地转用手续并严格执行耕地占补平衡规定。

八、种植业结构调整政策

农业农村部制定下发《农业农村部关于“镰刀弯”地区玉米结构调整的指导意见》，提出通过适宜性调整、种养结合型调整、生态保护型调整、种地养地结合型调整、有保有压调整、围绕市场调整等路径，调整优化非优势区玉米结构，力争到2020年，“镰刀弯”地区玉米面积调减5 000万亩以上。重点发展青贮玉米、大豆、优质饲草、杂粮杂豆、春小麦、经济林果和生态功能型植物等，推动农牧紧密结合、产业深度融合，促进农业效益提升和产业升级。农业农村部整合项目资金，支持“镰刀弯”

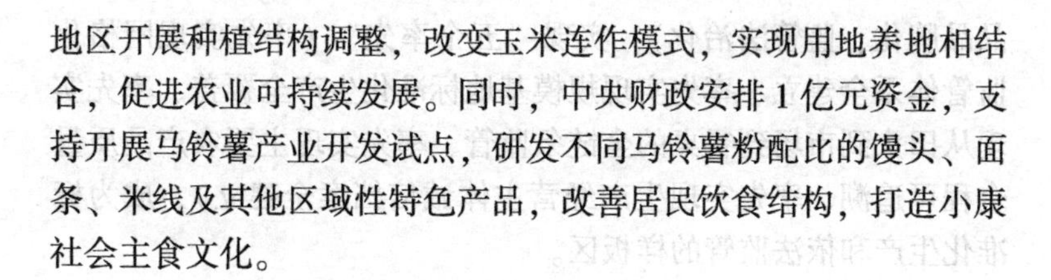

地区开展种植结构调整，改变玉米连作模式，实现用地养地相结合，促进农业可持续发展。同时，中央财政安排 1 亿元资金，支持开展马铃薯产业开发试点，研发不同马铃薯粉配比的馒头、面条、米线及其他区域性特色产品，改善居民饮食结构，打造小康社会主食文化。

九、推进现代种业发展支持政策

国家继续推进种业体制改革，强化种业政策支持，促进现代种业发展。一是深入推进种业领域科研成果权益改革。在总结权益改革试点经验基础上，研究出台种业领域科研成果权益改革指导性文件，通过探索实践科研成果权益分享、转移转化和科研人员分类管理政策机制，激发创新活力，释放创新潜能，促进科研人员依法有序向企业流动，切实将改革成果从试点单位扩大到全国种业领域，推动我国种业创新驱动发展和种业强国建设。二是推进现代种业工程建设。根据《“十三五”现代种业工程建设规划》和年度投资指南要求，建设国家农作物种质资源保存利用体系、品种审定试验体系、植物新品种测试体系以及品种登记及认证测试能力建设，支持育繁推一体化种子企业加快提升育种创新能力，推进海南、甘肃和四川国家级育制种基地和区域性良种繁育基地建设。全面提升现代种业基础设施和装备能力。三是继续实施中央财政对国家制种大县（含海南省南繁科研育种大县）奖励政策，采取择优滚动支持的方式加大奖补力度，支持制种产业发展。

十、农产品质量安全县创建支持政策

近年将逐步扩大创建范围，力争 5 年内基本覆盖“菜篮子”产品主产县，同时，提升创建县的农产品质量安全监管能力和水平，做到“五化”（生产标准化、发展绿色化、经营规模化、产品品牌化、监管法治化），实现“五个率先”（率先实现网格化监管体系全建立、率先实现规模基地标准化生产全覆盖、率先实现从田头到市场到餐桌的全链条监管、率先实现主要农产品质量全程可追溯、率先实现生产经营主体诚信档案全建立），成为标准化生产和依法监管的样板区。

十一、“粮改饲”支持政策

国家启动实施“粮改饲”试点工作，中央财政投入资金3亿元，在河北、山西、内蒙古自治区（以下简称内蒙古）、辽宁、吉林、黑龙江、陕西、甘肃、宁夏回族自治区（以下简称宁夏）和青海10省区，选择30个牛羊养殖基础好、玉米种植面积较大的县开展以全株青贮玉米收储为主的粮改饲试点工作。国家将继续实施粮改饲试点项目，并进一步增加资金投入，扩大实施范围。

十二、畜牧良种补贴政策

我国近年投入畜牧良种补贴资金12亿元，主要用于对项目省养殖场（户）购买优质种猪（牛）精液或者种公羊、牦牛种公牛给予价格补贴。生猪良种补贴标准为每头能繁母猪40元；肉牛良种补贴标准为每头能繁母牛10元；羊良种补贴标准为每只种公羊800元；牦牛种公牛补贴标准为每头种公牛2 000元。奶牛良种补贴标准为荷斯坦牛、娟姗牛、奶水牛每头能繁母牛30元，其他品种每头能繁母牛20元，并开展优质荷斯坦种用胚胎引进补贴试点，每枚补贴标准5 000元。2018年国家继续实施畜牧良种补贴政策。

十三、畜牧标准化规模养殖支持政策

中央财政共投入资金13亿元支持发展畜禽标准化规模养殖。

其中，中央财政安排10亿元支持奶牛标准化规模养殖小区（场）建设，安排3亿元支持内蒙古、四川、西藏自治区（以下简称西藏）、甘肃、青海、宁夏、新疆维吾尔自治区（以下简称新疆）以及新疆生产建设兵团肉牛、肉羊标准化规模养殖场（小区）建设。支持资金主要用于养殖场（小区）水电路改造、粪污处理、防疫、挤奶、质量检测等配套设施建设等。2018年国家继续支持奶牛、肉牛和肉羊的标准化规模养殖。

十四、振兴奶业支持苜蓿发展政策

为提高我国奶业生产和质量安全水平，从2012年起，农业农村部和财政部实施“振兴奶业苜蓿发展行动”，中央财政每年安排3亿元支持高产优质苜蓿示范片区建设，片区建设以3 000亩为一个单元，一次性补贴180万元（每亩600元），重点用于推行苜蓿良种化、应用标准化生产技术、改善生产条件和加强苜蓿质量管理等方面。2018年继续实施“振兴奶业苜蓿发展行动”，在河北、天津等14个奶牛主产省和苜蓿主产省建设50万亩高产优质苜蓿示范基地。

十五、退耕还林还草支持政策

2015年12月，财政部、国家发改委、国家林业局、国土资源部、农业部、水利部、环境保护部、国务院扶贫办八部门联合印发了《关于扩大新一轮退耕还林还草规模的通知》，明确扩大新一轮退耕还林还草规模的主要政策有4个方面：一是将确需退耕还林还草的陡坡耕地基本农田调整为非基本农田。由各有关省在充分调查并解决好当前群众生计的基础上，研究拟定区域内扩大退耕还林还草的范围。二是加快贫困地区新一轮退耕还林还草进度。从2016年起，重点向扶贫开发任务重、贫困人口较多的省倾斜。三是及时拨付新一轮退耕还林还草补助资金。为确保各地结合实际做到宜林则林、宜草则草。新一轮退耕还草的补助标准为：退耕还草每亩补助 1 000 元（其中，中央财政专项资金安排现金补助 850 元、国家发改委安排种子种草费 150 元），退耕还草补助资金分两次下达，每亩第一年 600 元（其中，种子种草费 150 元）、第三年 400 元。四是认真研究在陡坡耕地梯田、重要水源地、15°~25°坡耕地以及严重污染耕地退耕还林还草。

十六、动物防疫补助政策

我国动物防疫补助政策主要包括 5 个方面：一是重大动物疫病强制免疫疫苗补助政策。国家对高致病性禽流感、口蹄疫、高致病性猪蓝耳病、猪瘟、小反刍兽疫等动物疫病实行强制免疫政策。强制免疫疫苗由省级财政部门会同省级畜牧兽医行政主管部门统一组织招标采购。上述重大动物疫病强制免疫疫苗经费由中央财政和地方财政按比例分担。养殖场（户）无须支付疫苗费用。二是动物疫病强制扑杀补助政策。国家对因高致病性禽流感、口蹄疫、高致病性猪蓝耳病、小反刍兽疫发病的动物及同群动物，布鲁菌病、结核病阳性奶牛实施强制扑杀。对因上述疫病扑杀畜禽给养殖者造成的损失予以补助，经费由中央财政、地方财政和养殖场（户）按比例承担。三是基层动物防疫工作补助政策。补助经费主要用于支付村级防疫员从事畜禽强制免疫等基层动物防疫工作的劳务补助。四是养殖环节病死猪无害化处理补助政策。对养殖环节病死猪无害化处理给予每头 80 元的补助，由中央和地方财政分担，中央财政对一类、二类、三类地区分别给予 60 元、50 元、40 元补助，地方财政分别承担 20 元、30 元、40 元。五是生猪定点屠宰环节病害猪无害化处理补贴政策。对屠宰环节病害猪损失和无害化处理费用予以补贴，病害猪损失财政补贴标准为每头 800 元，无害化处理标准为每头 80 元，补助经费由中央和地方财政共同承担。中央负担部分采取一般转移支

付方式定额拨付地方。

十七、农产品产地初加工补助政策

农业经理人是指运营掌握农业生产经营所需的资源、资本，在为农民专业合作组织、农业企业或业主谋求最大经济效益的同时，从中获得佣金或红利的农业技能人才。

中央财政安排资金 9 亿元用于实施农产品产地初加工补助政策。补助政策将进一步突出扶持重点，向优势产区、新型农业经营主体、老少边穷地区倾斜。强化集中连片建设，实施县原则上调整数量不超过上年的 30%。提高补贴上限，每个专业合作社补助贮藏设施总库容不超过 800 吨（数量不超过 5 座），每个家庭农场补助贮藏设施总库容不超过 400 吨（数量不超过 2 座）。

十八、发展休闲农业和乡村旅游项目支持政策

中央 1 号文件明确提出要大力发展休闲农业和乡村旅游。农业部将积极推动落实 11 部门联合印发的《关于积极开发农业多种功能大力促进休闲农业发展的通知》精神，主要包括积极探索有效方式，改善休闲农业和乡村旅游重点村基础服务设施，鼓励建设功能完备、特色突出、服务优良的休闲农业专业村和休闲农业园；鼓励通过盘活农村闲置房屋、集体建设用地、“四荒地”、可用林场和水面等资产发展休闲农业和乡村旅游；加强品牌培育，开展全国休闲农业和乡村旅游示范县示范点创建活动、中国最美休闲乡村推介、中国重要农业文化遗产认定、休闲农业和乡村旅游星级企业创建活动等。

十九、种养业废弃物资源化利用支持政策

中央 1 号文件明确提出继续实施种养业废弃物资源化利用。一是支持种植业废弃物资源化利用。农业农村部联合国家发展改

革委、财政部在甘肃、新疆等10个省（区）和新疆生产建设兵团的229个县（区、团场）累计投资9.01亿元，实施以废旧地膜回收利用为主的农业清洁生产示范项目。新增残膜加工能力18.63万吨，新增回收地膜面积6 309.9万亩。二是支持养殖业废弃物资源化利用。

资金主要用于对畜禽粪便综合处理利用的主体工程、设备(不包括配套管网及附属设施）及其运行进行补助。通过项目实施，探索形成能够推广的畜禽粪便等农业农村废弃物综合利用的技术路线和商业化运作模式。中央财政安排1.4亿元，继续实施农业综合开发秸秆养畜项目。带动全国秸秆饲料化利用2.2亿吨。2018年，上述项目在调整完善后将继续实施。

二十、农村沼气建设支持政策

农业农村部拟会同国家发展改革委继续支持规模化生物天然气工程试点项目和规模化大型沼气工程建设，进一步探索创新扶持政策和体制机制，使农村沼气工程向规模发展、生态循环、综合利用、智能管理、效益拉动方向转型升级。生物天然气工程需日产生物天然气1万立方米以上，鼓励地方政府增加对试点项目所产生物天然气全额收购或开展配额保障收购试点。规模化大型沼气工程（不含规模化生物天然气工程）需厌氧消化装置总体容积500立方米以上，支持能够有效推进农牧结合和种养循环、实现“三沼”充分利用、促进生态循环农业发展的工程项目，重点支持沼气工程全程智能控制、沼肥智慧化加工应用、带动附加产业融合发展的项目。原来的户用沼气、中小型沼气、服务网点等项目由各省自行建设。

二十一、培育新型职业农民政策

中央财政安排13.9亿元农民培训经费，继续实施新型职业

农民培育工程，在全国8个整省、30个市和500个示范县（含100个现代农业示范区）开展重点示范培育，探索完善教育培训、规范管理、政策扶持“三位一体”的新型职业农民培育制度体系。实施新型农业经营主体带头人轮训计划，以专业大户、家庭农场主、农民合作社骨干、农业企业职业经理人为重点对象，强化教育培训，提升创业兴业能力。继续实施现代青年农场主培养计划。新增培育对象1万名。

二十二、基层农技推广体系改革与建设补助政策

中央财政继续安排26亿元资金，支持各地加强基层农技推广体系改革与建设，以服务主导产业为导向，以提升农技推广服务效能为核心，以加强农技推广队伍建设为基础，以服务新型农业生产经营主体为重点，健全管理体制，激活运行机制，形成中央地方齐抓共管、各部门协同推进、产学研用相结合的农技推广服务新格局。中央财政资金主要用于农业科技示范基地建设、基层农技人员培训、科技示范户培育、农技人员推广服务补助等。

二十三、培养农村实用人才政策

我国继续开展农村实用人才带头人和大学生村官示范培训工作，全年计划举办170余期示范培训班，面向全国特别是贫困地区遴选1.7万多名村“两委”成员、家庭农场主、农民合作社负责人和大学生村官等免费到培训基地考察参观、学习交流。全面推进以新型职业农民为重点的农村实用人才认定管理，积极推动有关扶持政策向高素质现代农业生产经营者倾斜。

二十四、扶持家庭农场发展政策

国家有关部门将采取一系列措施引导支持家庭农场健康稳定发展，主要包括建立农业部门认定家庭农场名录，探索开展新型

农业经营主体直连、生产经营信息直报。继续开展家庭农场全面统计和典型监测工作。鼓励开展各级示范家庭农场创建，推动落实涉农建设项目、财政补贴、税收优惠、信贷支持、抵押担保、农业保险、设施用地等相关政策。加大对家庭农场经营者的培训力度。鼓励中高等学校特别是农业职业院校毕业生、新型农民和农村实用人才、务工经商返乡人员等兴办家庭农场。

二十五、扶持农民合作社发展政策

国家鼓励发展专业合作、股份合作等多种形式的农民合作社，加强农民合作社示范社建设，支持合作社发展农产品加工流通和直供直销，积极扶持农民发展休闲旅游业合作社。扩大在农民合作社内部开展信用合作试点的范围，建立风险防范化解机制，落实地方政府监管责任。

二十六、扶持农业产业化发展政策

中央1号文件明确提出完善农业产业链与农民的利益联结机制，促进农业产加销紧密衔接、农村一、二、三产业深度融合，推进农业产业链整合和价值链提升，让农民共享产业融合发展的增值收益。国家有关部委将支持农业产业化龙头企业建设稳定的原料生产基地、为农户提供贷款担保和资助订单农户参加农业保险。深入开展土地经营权入股发展农业产业化经营试点，引导农户自愿以土地经营权等入股龙头企业和农民合作社，采取“保底收益+按股分红”等方式，让农民以股东身份参与企业经营、分享二、三产业增值收益。加快一村一品专业示范村镇建设，支持示范村镇培育优势品牌，提升产品附加值和市场竞争力，推进产业提档升级。

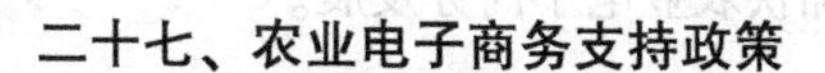

二十七、农业电子商务支持政策

中央一号文件明确提出促进农村电子商务加快发展。农业农村部会同国家发改委、商务部制定的《推进农业电子商务行动计划》提出开展2年1次的农业农村信息化示范基地申报认定工作。并向农业电子商务倾斜。农业部与商务部等19部门联合印发的《关于加快发展农村电子商务的意见》提出鼓励具备条件的供销合作社基层网点、农村邮政局所、村邮站、信息进村入户村级信息服务站等改造为农村电子商务服务点。支持种养大户、家庭农场、农民专业合作社等，对接电商平台，重点推动电商平台开设农业电商专区、降低平台使用费用和提供互联网金融服务等，实现“三品一标”“名特优新”“一村一品”农产品上网销售。鼓励新型农业经营主体与城市邮政局所、快递网点和社区直接对接，开展生鲜农产品“基地+社区直供”电子商务业务。组织相关企业、合作社，依托电商平台和“万村千乡”农资店等，提供测土配方施肥服务，并开展化肥、种子、农药等生产资料电子商务，推动放心农资进农家。以返乡高校毕业生、返乡青年、大学生村官等为重点，培养一批农村电子商务带头人和实用型人才。引导具有实践经验的电商从业者返乡创业，鼓励电子商务职业经理人到农村发展。进一步降低农村电商人才就业保障等方面的门槛。指导具有特色商品生产基础的乡村开展电子商务，吸引农民工返乡创业就业，引导农民立足农村、对接城市，探索农村创业新模式。农业农村部印发的《农业电子商务试点方案》提出，在北京、河北、吉林、湖南、广东、重庆、宁夏7省（区、市）重点开展鲜活农产品电子商务试点，吉林、黑龙江、江苏、湖南4省重点开展农业生产资料电子商务试点，北京、海南等省市开展休闲农业电子商务试点。此外，农业部还将组织阿里巴巴、京东、苏宁等电商企业与现代农业示范区、农产品质量安全县、农业龙头企业对接，加快农业电子商务发展。

二十八、发展多种形式适度规模经营政策

中央一号文件明确提出。要充分发挥多种形式适度规模经营在农业机械和科技成果应用、绿色发展、市场开拓等方面的引领功能。土地流转和适度规模经营必须从国情出发。要尊重农民意愿，因地制宜、循序渐进，不能强制推动。土地流转要坚持农村土地集体所有权，稳定农户承包权。放活土地经营权，以家庭承包经营为基础，推进家庭经营、集体经营、合作经营、企业经营等多种经营方式共同发展；要坚持规模适度，既注重提升土地经营规模，又防止土地过度集中，兼顾公平与效率，提高劳动生产率、土地产出率和资源利用率；要坚持市场在资源配置中起决定性作用和更好发挥政府作用。依法推进土地经营权有序流转，鼓励和引导农户自愿互换承包地块实现连片耕种。鼓励和支持承包土地向专业大户、家庭农场、农民合作社流转，发展多种形式的适度规模经营。各地要依据自然经济条件、农村劳动力转移情况、农业机械化水平等因素，研究确定本地区土地规模经营的适宜标准。防止脱离实际、违背农民意愿，片面追求超大规模经营的倾向。现阶段，对土地经营规模相当于当地户均承包地面积10~15倍、务农收入相当于当地二、三产业务工收入的，应当给予重点扶持。完善财税、信贷保险、用地用电、项目支持等政策，加快形成培育新型农业经营主体的政策体系。支持多种类型的新型农业服务主体开展代耕代种、联耕联种、土地托管等专业化规模化服务。

二十九、政府购买农业公益性服务机制创新试点政策

按照县域试点、省级统筹、行业指导、稳步推进的思路，选择部分具备条件的地区，针对公益性较强、覆盖面广、农民急

需、收益相对较低的农业生产性服务关键领域和关键环节，以统防统治、农机作业、粮食烘干、集中育秧、统一供种、动物防疫、畜禽粪便及废弃物处理等普惠性服务为重点。围绕购买服务内容、承接服务主体资质、购买服务程序、服务绩效评价和监督管理机制等，引入市场机制，开展试点试验，创新农业公益性服务供给机制和实现方式，着力构建多层次、多形式、多元化的服务供给体系，提升社会化服务的整体水平和效率。在深入总结第一批试点经验的基础上，启动实施第二批试点。完善工作机制，加强指导服务，进一步探索实践，为推动在全国面上实施政府购买农业公益性服务积累经验。

三十、农村土地承包经营权确权登记颁证政策

中央继续扩大试点范围，在山东、四川、安徽等省试点的基础上，又选择江苏、江西、湖北、湖南、甘肃、宁夏、吉林、贵州、河南9个省（区）开展整省试点，其他省（区、市）根据本地情况，扩大开展以县为单位的整体试点。

三十一、推进农村集体产权制度改革政策

各地要根据不同资产类型和不同地区条件，分类施策，稳步推进农村集体产权制度改革。在确认农村集体经济组织成员身份，全面开展农村集体资产清产核资的基础上，对土地等资源性资产，重点是抓紧抓实土地承包经营权确权登记颁证工作。实行物权保护；对经营性资产，要坚持试点先行，由点及面，重点是将资产以股份或份额形式量化到本集体经济组织成员，更好地保障农民的集体收益分配权，发展多种形式的股份合作；对非经营性资产，重点是探索有利于提高公共服务能力的集体统一运行管护机制。健全农村集体“三资”管理监督和收益分配制度。发挥集体经济组织经营管理功能。建立符合实际需求的农村产权流

转交易市场，保障农村产权依法自愿公开公正有序交易。

三十二、村级公益事业一事一议财政奖补政策

村级公益事业一事一议财政奖补，是政府对村民一事一议筹资筹劳开展村级公益事业建设进行奖励或补助的政策。财政奖补资金主要由中央和省级以及有条件的市、县财政安排。奖补范围主要包括，农民直接受益的村内小型水利设施、村内道路、环卫设施、植树造林等公益事业建设。优先解决群众最需要、见效最快的公益事业建设项目。财政奖补既可以是资金奖励，又可以是实物补助。

三十三、农业保险支持政策

目前，中央财政提供农业保险保费补贴的品种包括种植业、养殖业和森林三大类，共 15 个品种，覆盖了水稻、小麦、玉米等主要粮食作物以及棉花、糖料作物、畜产品等，承保的主要农作物突破 14.5 亿亩，占全国播种面积的 59%，三大主粮作物平均承保覆盖率超过 70%。各级财政对保费累计补贴达到 75% 以上，其中，中央财政一般补贴 35%～50%，地方财政还对部分特色农业保险给予保费补贴，构建了“中央支持保基本，地方支持保特色”的多层次农业保险保费补贴体系。

保监会、财政部、农业农村部联合下发《关于进一步完善中央财政保费补贴型农业保险产品条款拟定工作的通知》，推动中央财政保费补贴型农业保险产品创新升级，在几个方面取得了重大突破。一是扩大保险范围。要求种植业保险主险责任要涵盖暴雨、洪水、冰雹、冻灾、旱灾等自然灾害以及病虫草鼠害等。养殖业保险将疾病、疫病纳入保险范围，并规定发生高传染性疾病政府实施强制扑杀时，保险公司应对投保户进行赔偿（赔偿金额可扣除政府扑杀补贴）。二是提高保障水平。要求保险金额覆盖

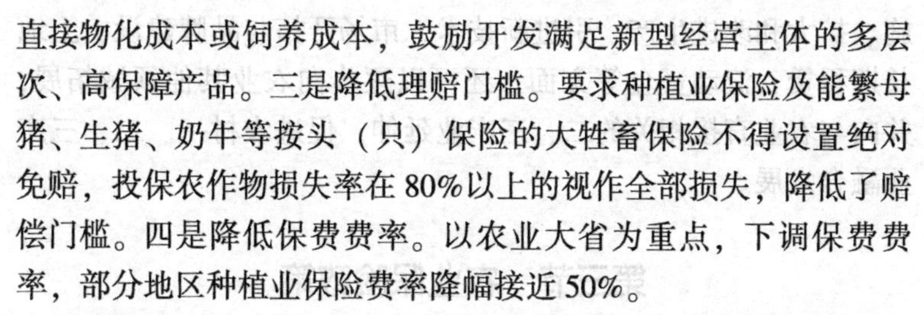

直接物化成本或饲养成本，鼓励开发满足新型经营主体的多层次、高保障产品。三是降低理赔门槛。要求种植业保险及能繁母猪、生猪、奶牛等按头（只）保险的大牲畜保险不得设置绝对免赔，投保农作物损失率在80%以上的视作全部损失，降低了赔偿门槛。四是降低保费费率。以农业大省为重点，下调保费费率，部分地区种植业保险费率降幅接近50%。

财政部出台《关于加大对产粮大县三大粮食作物农业保险支持力度的通知》，规定省级财政对产粮大县三大粮食作物农业保险保费补贴比例高于25%的部分，中央财政承担高出部分的50%。政策实施后，中央财政对中西部、东部的补贴比例将由目前的40%、35%，逐步提高至47.5%、42.5%。

三十四、财政支持建立全国农业信贷担保体系政策

财政部、农业农村部、银监会联合下发《关于财政支持建立农业信贷担保体系的指导意见》（财农〔2015〕121号），提出力争用3年时间建立健全具有中国特色、覆盖全国的农业信贷担保体系框架，为农业尤其是粮食适度规模经营的新型经营主体提供信贷担保服务，切实解决农业发展中的“融资难”“融资贵”问题，支持新型经营主体做大做强，促进粮食稳定发展和农业现代化建设。

全国农业信贷担保体系主要包括国家农业信贷担保联盟、省级农业信贷担保机构和市、县农业信贷担保机构。中央财政利用粮食适度规模经营资金对地方建立农业信贷担保体系提供资金支持，并在政策上给予指导。财政出资建立的农业信贷担保机构必须坚持政策性、专注性和独立性，应优先满足从事粮食适度规模经营的各类新型经营主体的需要，对新型经营主体的农业信贷担保余额不得低于总担保规模的70%。在业务范围上，可以对新型经营主体开展粮食生产经营的信贷提供担保服务，包括基础设

施、扩大和改进生产、引进新技术、市场开拓与品牌建设、土地长期租赁、流动资金等方面，还可以逐步向农业其他领域拓展，并向与农业直接相关的二、三产业延伸，促进农村一、二、三产业融合发展。

第三节　农业保险政策

政策性农业保险是由政府主导、组织和推动，由财政给予保费补贴或政策扶持，按商业保险规则运作，以支农、惠农和保障“三农”为目的的一种农业保险。政策性农业保险的标的划分为：种植面积广、关系国计民生、对农业和农村经济社会发展有重要意义的农作物，包括水稻、小麦、油菜。为促进生猪产业稳定发展，对有繁殖能力的母猪也建立了重大疫病、自然灾害、意外事故等商业保险，财政给予一定比例的保费补贴。政策性农业保险险种主要包括以下几个方面。

一、农作物保险

发生较为频繁和易造成较大损失的灾害风险，如水灾、风灾、雹灾、旱灾、冻灾、雨灾等自然灾害以及流行性、暴发型病虫害和动植物疫情等。对于水稻、小麦、油菜等主要参保品种，各级财政保费补贴 60%，农户缴纳 40%。

二、能繁母猪保险

政府为了解决饲养户的后顾之忧，提高饲养户的养猪积极性，平抑目前市场的猪肉价格，进一步降低养殖能繁母猪的风险，政府对能繁母猪实行政策性保险制度，出台了“母猪保险”。能繁母猪保险责任为重大疫病、自然灾害和意外事故所引致的能繁母猪直接死亡。因人为管理不善、故意和过失行为以及

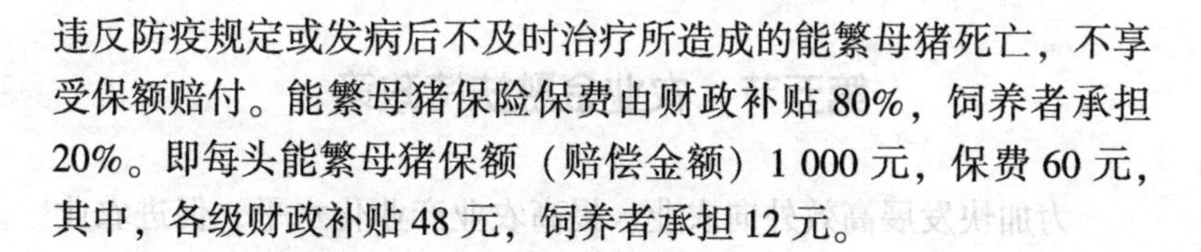

违反防疫规定或发病后不及时治疗所造成的能繁母猪死亡，不享受保额赔付。能繁母猪保险保费由财政补贴 80%，饲养者承担 20%。即每头能繁母猪保额（赔偿金额）1 000 元，保费 60 元，其中，各级财政补贴 48 元，饲养者承担 12 元。

三、农业创业者参加政策性农业保险的好处

一是可以享受国家财政的保险费补贴；二是发生保险责任内的自然灾害或意外事故，能够迅速得到补偿，可以尽快恢复再生产；三是可以优先享受到小额信贷支持；四是能够从政府有关方面得到防灾防损指导和丰产丰收信息。

第四节　农业税收优惠政策

对于独立的农村生产经营组织，可以享受国家现有的支持农业发展的税收优惠政策。《中华人民共和国农民专业合作社法》第五十二条规定，农民专业合作社享受国家规定的对农业生产、加工、流通、服务和其他涉农经济活动相应的税收优惠。支持农民专业合作社发展的其他税收优惠政策，由国务院规定。

第十一次全国人民代表大会指出："全部取消了农业税、牧业税和特产税，每年减轻农民负担 1 335 亿元。同时，建立农业补贴制度，对农民实行粮食直补、良种补贴、农机具购置补贴和农业生产资料综合补贴，对产粮大县和财政困难县乡实行奖励补助。""这些措施，极大地调动了农民积极性，有力地推动了社会主义新农村建设，农村发生了历史性变化，亿万农民由衷地感到高兴。农业的发展，为整个经济社会的稳定和发展发挥了重要作用。"

第五节 农业金融扶持政策

为加快发展高效外向农业，提高农业产业化水平，促进农业增效、农民增收，鼓励和吸引多元化资本投资开发农业，鼓励投资者兴办农业龙头企业，鼓励科研、教学、推广单位到项目县基地实施重大技术推广项目，国家或有关部门对这些项目下拨专门指定用途或特殊用途的专项资金予以补助。这些专项资金都会要求进行单独核算，专款专用，不能挪作他用。补助的专项资金视项目承担的主体情况，分别采取直接补贴、定额补助、贷款贴息以及奖励等多种扶持方式。

一、专项资金补助类型

高效设施农业专项资金：重点补助新建、扩建高效农产品规模基地设施建设。

农业产业化龙头企业发展专项资金：重点补助农业产业化龙头企业及产业化扶贫龙头企业，对于扩大基地规模、实施技术改造、提高加工能力和水平给予适当奖励。

外向型农业专项资金：重点补助新建、扩建出口农产品基地建设及出口农产品品牌培育。

农业3项工程资金：包括农产品流通、农产品品牌和农业产业化工程的扶持资金，重点是基因库建设。

农产品质量建设资金：重点补助新认定的无公害农产品产地、全程质量控制项目及无公害农产品、绿色、有机食品获证奖励。

农民专业合作组织发展资金：重点补助“四有”农民专业合作经济组织，即依据有关规定注册，具有符合“民办、民管、民享”原则的农民合作组织章程；有比较规范的财务管理制度，

符合民主管理决策等规范要求；有比较健全的服务网络，能有效地为合作组织成员提供农业专业服务；合作组织成员原则上不少于 100 户。同时，具有一定产业基础。鼓励他们扩大生产规模、提高农产品初加工能力等。

海洋渔业开发资金：重点补助特色高效海洋渔业开发。

丘陵山区农业开发资金：重点补助丘陵地区农业结构调整和基础设施建设。

二、补助对象、政策及标准

按照“谁投资、谁建设、谁服务，财政资金就补助谁”的原则。江苏省省级高效外向农业项目资金的补助对象主要为：种养业大户、农业产业化重点龙头企业、农产品加工流通企业、农产品出口企业、农民专业合作经济组织和农产品行业协会等市场主体，以及农业科研、教学和推广单位。为了推动养猪业的规模化产业化发展，中央财政对于养殖大户实施投资专项补助政策。

年出栏 300~499 头的养殖场，每个场中央补助投资 10 万元。

年出栏 500~999 头的养殖场，每个场中央补助投资 25 万元。

年出栏 1 000~1 999 头的养殖场，每个场中央补助投资 50 万元。

年出栏 2 000~2 999 头的养殖场。每个场中央补助投资 70 万元。

年出栏 3 000 头以上的养殖场，每个场中央补助投资 80 万元。

为加快转变畜禽养殖方式，还对规模养殖实行“以奖代补”，落实规模养殖用地政策，继续实行对畜禽养殖业的各项补贴政策。

三、财政贴息政策

财政贴息是政府提供的一种较为隐蔽的补贴形式。即政府代企业支付部分或全部贷款利息，其实质是向企业成本价格提供补贴。财政贴息是政府为支持特定领域或区域发展，根据国家宏观经济形势和政策目标，对承贷企业的银行贷款利息给予的补贴。政府将加快农村信用担保体系建设，以财政贴息政策等相关方式，解决种养业“贷款难”问题。为鼓励项目建设，政府在财政资金安排方面给予倾斜和大力扶持。农业财政贴息主要有两种方式：一是财政将贴息资金直接拨付给受益农业企业；二是财政将贴息资金拨付给贷款银行，由贷款银行以政策性优惠利率向农业企业提供贷款。为实施农业产业化提升行动，对于成长性好、带动力强的龙头企业给予财政贴息，支持龙头企业跨区域经营，促进优势产业集群发展。中央和地方财政增加农业产业化专项资金，支持龙头企业开展技术研发、节能减排和基地建设等。同时，探索采取建立担保基金、担保公司等方式，解决龙头企业融资难问题。此外，为配合各种补贴政策的实施，各个省市同时出台了较多的惠农政策。

四、小额贷款政策

为促进农业发展，帮助农民致富，金融部门把扶持“高产、优质、高效”农业、帮助农民增收项目作为重点，加大小额贷款支农力度。明确要求基层信用社必须把65%的新增贷款用于支持农业生产，支持面不低于农村总户数的25%，还对涉及小额信贷的致富项目，在原有贷款利率的基础上，下浮30%的贷款利率。

五、土地流转资金扶持政策

为加快构建强化农业基础的长效机制，引导农业生产要素资源合理配置，推动国民收入分配切实向“三农”倾斜，鼓励和引导农村土地承包经营权集中连片流转，促进土地适度规模经营，增加农民收入，中央财政设立安排专项资金扶持农村土地流转，用于扶持具有一定规模的、合法有序的农村土地流转，以探索土地流转的有效机制，积极发展农业适度规模经营。

第六节　农业基本法规

一、法的概念

法是由国家制定、认可并保证实施的，反映由特定物质生活条件所决定的统治阶级意志，以权利和义务为内容，以确认、保护和发展统治阶级所期望的社会关系及社会秩序为目的的行为规范体系。

法的基本特征包括以下几方面。

（1）法是调整人的行为或社会关系的规范。

（2）法是国家制定或认可，并具有普遍约束力的社会规范。

（3）法是以国家强制力保证实施的社会规范。

（4）法是规定权利和义务的社会规范。

广义的法律与法同义。狭义的法律专指全国人民代表大会和全国人民代表大会常务委员会制定的法律规范。

二、法的表现形式及其分类

根据宪法和有关法律的规定，我国法律的主要形式有：宪法、法律、行政法规、地方性法规、自治条例和单行条例、行政规章、特别行政区的法、国际条约等。

对法律种类的划分，可以从不同角度，有不同的划分方法。如从法律的文字表现形式方面划分，可分为成文法和不成文法；从法律的适用范围方面划分，可分为普通法和特别法；从法律制定的主体方面划分，可分为国际法和国内法；从法律的内容方面划分，可分为实体法和程序法；等等。

三、农业、农村法律体系框架构成

改革开放以来，依照《中华人民共和国宪法》（以下简称《宪法》）我国在调整农民、农业和农村各类社会关系方面，已先后制定和修改了《中华人民共和国农业法》（以下简称《农业法》）等20多部法律，70多部行政法规以及相关的一系列法律法规。一个具有中国特色的农业、农村法律制度框架已初步形成，在“三农”方面基本做到了有法可依。

1. 从立法效力关系上进行界定

我国农业、农村法律体系框架构成可以分为5个部分。

（1）《农业法》。《农业法》作为农业基本法，主要就农业和农村经济的基本制度和农业发展的一些方向性问题进行较为原则的规定。

（2）专业法律。专业法律就农业和农村经济中的特定经济关系或某个领域的基本问题进行规定的、与《农业法》相配套的专门法律。

（3）行政法规。行政法规为实施专门法律而制定的配套性行政法规和法律没有或没有明确的具体规定，凡涉及全国性农业和农村经济中的重大具体问题或涉及重大方针、政策性具体问题或涉及几个部门的具体问题，由国务院以行政法规加以规定。

（4）地方性法规。地方性法规为保证宪法、法律和行政法

规在本区域的有效实施和规范本区域农业和农村经济中的特殊经济关系或基本问题而制定的地方性法规。

（5）部门规章（或称部门行政规章）和地方规章（或称地方行政规章），部门规章在全国普遍适用，而地方规章则只适用本区域范围。

2. 从涉农关系进行界定

农业、农村适用的法规体系框架也可分为十大部分。

（1）农业基本法律制度。包括《农业法》。

（2）农产品生产与经营法律制度。包括《中华人民共和国农业技术推广法》（以下简称《农业技术推广法》）、《中华人民共和国种子管理条例》（以下简称《种子管理条例》）、《农业部关于肥料、土壤调理剂及植物生长调节剂检验登记的暂行规定》、《农业部肥料登记管理办法》、《加强肥料登记管理工作的若干规定》、《中华人民共和国农药管理条例》（以下简称《农药管理条例》）、《中华人民共和国饲料和饲料添加剂管理条例》（以下简称《饲料和饲料添加剂管理条例》）、《中华人民共和国兽药管理条例》（以下简称《兽药管理条例》）、《中华人民共和国农业机械安全监督管理条例》（以下简称《农业机械安全监督管理条例》）、《中华人民共和国食品安全法》（以下简称《食品安全法》）、《中华人民共和国农产品质量安全法》（以下简称《农产品质量安全法》）、《中华人民共和国动物防疫法》（以下简称《动物防疫法》）、《中华人民共和国进出境动植物检疫法》（以下简称《进出境动植物检疫法》）、《中华人民共和国植物检疫条例》（以下简称《植物检疫条例》）、《中华人民共和国种畜禽管理条例》（以下简称《种畜禽管理条例》）、《中华人民共和国乳品质量安全监督管理条例》（以下简称《乳品质量安全监督管理条例》）、《中华人民共和国农民专业合作社法》（以下简称《农民专业合作社法》）、《中华人民共和国合伙企业法》（以下简称

《合伙企业法》）和《中华人民共和国合同法》（以下简称《合同法》）。

（3）农业知识产权法律制度。包括《中华人民共和国专利法》（以下简称《专利法》）、《中华人民共和国植物新品种保护条例》（以下简称《植物新品种保护条例》）、《中华人民共和国商标法》（以下简称《商标法》）、《中华人民共和国反不正当竞争法》（以下简称《反不正当竞争法》）、《地理标志产品保护规定》和《农产品地理标志管理办法》等。

（4）农村土地承包与纠纷解决法律制度。包括《中华人民共和国物权法》（以下简称《物权法》）、《中华人民共和国农村土地承包法》（以下简称《农村土地承包法》）和《中华人民共和国农村土地承包经营纠纷调解仲裁法》（以下简称《农村土地承包经营纠纷调解仲裁法》）等。

（5）农业资源与环境保护法律制度。包括《中华人民共和国环境保护法》（以下简称《环境保护法》）、《中华人民共和国土地管理法》（以下简称《土地管理法》）、《中华人民共和国水法》（以下简称《水法》）、《中华人民共和国渔业法》（以下简称《渔业法》）、《中华人民共和国草原法》（以下简称《草原法》）和《中华人民共和国森林法》（以下简称《森林法》）等。

（6）农村金融、税收法律制度。包括《中华人民共和国保险法》（以下简称《保险法》）、《农业保险条例》、《工伤保险条例》和我国税收法律制度中有关农业税收部分等。

（7）农村法律教育制度。包括《中华人民共和国义务教育法》（以下简称《义务教育法》）、《中华人民共和国教师法》（以下简称《教师法》）、《教师资格条例》和《幼儿园管理条例》等。

（8）农民婚姻家庭继承法律制度。包括《中华人民共和国婚姻法》（以下简称《婚姻法》）、《中华人民共和国继承法》

（以下简称《继承法》）和《中华人民共和国妇女权益保障法》（以下简称《妇女权益保障法》）等。

（9）农村社会保障制度。包括《国务院关于开展新型农村社会养老保险试点的指导意见》和《关于建立新型农村合作医疗制度的意见》等。

（10）农村基层组织法律制度。包括《中华人民共和国村民委员会组织法》（以下简称《村民委员会组织法》）、《中华人民共和国选举法》（以下简称《选举法》）、《农村妇女代表会工作条例》和《村民一事一议筹资筹劳管理办法》等。

第三章　农业经理人的职业道德

第一节　农业经理人的职业简介

一、农业经理人的定义

农业经理人是指运营掌握农业生产经营所需的资源、资本，在为农民专业合作组织、农业企业或业主谋求最大限度经济效益的同时，从中获得佣金或红利的农业技能人才。他们不但懂农业生产、更重要的是会经营、善管理，具有较高的职业素养，是新型职业农民队伍中的“白领”或高级管理者，在农业的经营管理中发挥着重要的价值和作用。

农业经理人与农村经纪人的职能既有区别也有联系，农业经理人的范畴更大，农业经理人不仅可能参与到农产品销售中，而且有些管理与服务已深入农业生产环节。

二、农业经理人的工作任务

（1）搜集和分析农产品供求、客户需求数据等信息。

（2）编制生产、服务经营方案和作业计划。

（3）调度生产、服务人员，安排生产或服务项目。

（4）指导生产、服务人员执行作业标准。

（5）疏通营销渠道，维护客户关系。

（6）组织产品加工、运输、营销。

(7) 评估生产、服务绩效，争取资金支持。

三、农业经理人产生背景

国际社会中，发达国家现代化的农业生产管理由专业群体负责组织实施。中国传统农业向现代农业的转变，实现产业化、规模化、现代化的农业生产，促成了生产经营管理活动的专业化，造就了农业经理人群体。

20 世纪 90 年代，山东省潍坊提出并实施了“农业产业化”的发展思路。随着全国农业产业化的推广，出现了以农民专业合作社、规模适度家庭农场为服务对象，以薪酬和分红为收入来源，具有明确分工与活动领域的职业劳动者。2007 年《中华人民共和国农民专业合作社法》开始实施，明确规定：农民专业合作社可以“决定聘用经营管理人员和专业技术人员的数量、资格和任期”，确立了农业经理人的法律地位。2010 年起，四川省崇州以试行“农业共营制”破解土地退租困局，将农地连片并动员、引进种田能手经营水稻生产，实现了土地承包与经营权的分离，巩固了农业经理人的社会基础。2013 年，按照中央 1 号文件提出构建农业规模化经营体系的要求，开始以加速土地流转促进规模化经营，农业经济合作组织和家庭农场的数量增加、经营规模扩大，进一步强化了对农业经理人的人才需求。2018 年，党中央、国务院印发《关于实施乡村振兴战略的意见》，明确要求“全面建立高素质农民制度，完善配套政策体系”，将农业经理人纳入国家职业分类已势在必行。

第二节　农业经理人的岗位职责

一、农业经理人业务的岗位职责

农业经理人业务的岗位职责可概括为以下 3 条。

1. 遵纪守法的岗位职责

农业经理人获取中介佣金的资本是私有信息和专有知识，如销售渠道、技术参数、市场信息等。这就加重了其业务活动的隐蔽性。为规范农业经理人的业务运作程序、保障委托人的合法权益、减少经济纠纷，必须尽早建立健全有关农业经理人的法律制度，以保障农业经理人经营活动的健康发展。综合各地的经验，农业经理人活动有以下 4 项法律职责。

第一，农业经理人服务“三农”的职责。凡具有一定专业知识和中介服务经验，愿意从事经理活动的公民。经过申请、培训，考试合格者，由工商行政管理部门颁发从事经理活动的资格证书。可以在生产资料、生活资料经营和转让以及在引进资金、信息、工程项目等过程中从事中介服务活动。

第二，办好农业经理人服务所的职责。依照有关规定可以从事个体经理业务，开办经理业务或开办农业经理人服务所。

第三，农业经理人遵守国家法律、法规和政策的职责。在批准的经营范围内从事农业经理人活动，不准直接进行实物性商品买卖，不得违法经营、弄虚作假，进行诈骗活动。

第四，农业经理人缴纳税费的职责。应当按有关规定收取中介费，依法纳税，按有关规定向工商行政管理部门缴纳管理费。

2. 取得佣金的岗位职责

按国际惯例。农业经理人在交易活动发生后，交易各方应到独立的结算机构结算佣金。农业经理人佣金数额与商品成交额挂钩。农业经理人的交易活动若采取私下交易，农业经理人应该主动缴纳个人所得税，保持经理人目标与委托人目标的一致性。

3. 控制信息的岗位职责

农业经理人应该定期向委托人真实地报告业务进展情况，委托人有权定期索取农业经理人的经营业务有关资料。双方均应服从国家管理机构的监督与管理。

二、如何做一名合格的农产品经理人

经济和社会的飞速发展，农产品市场的发育完善，呼唤着成熟、合格的农产品经理人。一名合格的农产品经理人应努力按以下几方面的基本标准要求自己。

1. 树立良好的形象

农产品经理人能否长久活跃于农产品市场，关键在于是否具有熟练的业务技能和良好的信誉。首先，农产品经理人应努力扩展自己的知识面。提高业务素质。农产品经理人作为农产品市场中介必须是内行，能对所经营的各类农产品进行鉴定、分析、评价，详细地向用户介绍情况，使用户信任和接受，这就要求农产品经理人要有广博的农产品知识和熟练的业务技能。其次，农产品经理人要有良好的信誉。农产品经理人不仅要精明强干，还要有高尚的品德，以真实、守信、平等、互利作为从事经理活动的指南。良好的信誉是经理人从事经理业务的一笔无形资本，是其事业发展的源泉和经营活动的立足之本。

2. 为客户提供优质服务

农产品经理人应具备服务精神，为客户提供优质、准确、积极、快速的服务。

3. 依法经营，取得合理报酬

农产品经理人作为一个新生事物，有关的立法和管理工作还较薄弱，佣金收取方面较混乱。这主要表现在以下几个方面。

一方面，农产品经理人的正当收入没有法律保障。一些客户在双方见面后设法甩掉经理人或在交易后不支付中介费，使农产品经理人的合法收益受到损害。农产品经理人在撮合交易过程中，比较容易被转让方或受让方甩开或者得不到足够的佣金。针对这些问题，为了使自己的佣金得到保证，一些经理人采取先收取定金，再联系业务的办法，若项目未成功，则仅扣除自己垫付的费用，其余全部返还。这是我国目前条件下的合理做法。但是由于没有法制上的规定，甚至没有政策性的文件规定，社会上许多单位对这种做法不愿接受，往往使农产品失去了许多交易的机会。

另一方面，目前农产品市场上一些农产品经理人也存在着乱收费和逃税的现象。一些农产品经理人或机构没有中介服务许可证，没有取得经理人的法定资格，乱收费和逃税。他们为了赚取佣金，往往高额收费或多层中介，多层收费，甚至不顾法律规定和职业道德。传递不真实的信息，把不合格农产品“倒”进市场，给农产品市场造成很大危害。国家将通过工商行政管理部门加强对这一行业的管理和引导，使其走上规范的轨道。农产品经理人应积极投入规范化的市场经营，依法登记注册，依法纳税，并接受有关部门的管理。

总之，科学技术的飞速发展，农产品市场的发育完善，都在呼唤成熟、合格的农产品经理人。这不仅要靠经理人自身加倍努力，也需要政府的鼓励和支持。可以预见，一大批合格的农产品经理人的成长和壮大，将成为中国发展市场经济的有生力量，为经济发展发挥巨大作用。

第三节　农业经理人的职业道德

社会主义社会的各种职业都有其相应的职业行为和准则，《公民道德建设实施纲要》所规定的“爱岗敬业，诚实守信，办事公道，服务群众，奉献社会”的行为规范，是全社会共同的行为规范和准则。这种各行各业共同的行为规范和行为准则，称社会主义职业道德规范。农业经理人的职业道德规范和行为准则有五大条款，10 句话，40 个字，即爱岗敬业，诚实守信；遵纪守法，办事公道；精通业务，讲求效益；服务群众，奉献社会；规

范操作，保障安全。

一、爱岗敬业，诚实守信

1. 爱岗敬业

爱岗敬业是职业道德的基础和核心，是社会主义职业道德所倡导的首要规范，是对农业经理人工作态度的一种普遍要求。爱岗是敬业的前提，而要真正爱岗又必须敬业。爱岗和敬业，两者相互联系、相互促进。爱岗敬业是职业道德对农业经理人的基本要求。

（1）爱岗是农业经理人做好本职工作的基础。爱岗就是热爱自己本职工作，是指从业人员能以正确的态度对待自己所从事的职业活动，对自己的工作认识明确、感情真挚。在实际工作过程中，能最大限度地发挥自己的聪明才智。表现出热情积极、勇于探索的创造精神。

职业工作者的才能都不是天生的，都是通过后天努力而得到的。热爱职业则是最好的老师，一个人只有真正热爱自己所从事的职业，才能主动、勤奋、自觉地学习本职工作，以及与本职工作相关的各种知识和技能，探索、掌握做好本职工作的规律和方法，才能花气力去培养锻炼从事本职工作的本领，切实把本职工作做好。

热爱本职工作的人，在追求职业目标的过程中，当遇到挫折或失败，定会以对事业炽热追求的精神去克服困难、战胜险阻、摆脱困境。同时，也会在艰难困苦的斗争中，逐步练就坚强的职业道德意志和品格，成为一个具有高尚职业道德品质的职业工作者。

（2）敬业是农业经理人做好工作的必要条件。敬业是指从业人员在特定的社会形态中，认真履行所从事的社会事务，尽职尽责、一丝不苟的行为以及在职业生活中表现出来的兢兢业业、埋头苦干、任劳任怨的强烈事业心和忘我精神。

敬业，是农业经理人对社会和他人履行职业义务的道德责任的基本要求。在社会生活以及任何一种职业活动中，无论是谁，都必然与他人、与社会发生并保持各种联系。由于这些联系，便形成了种种特定关系，又由于这种种特定关系产生出诸多义务。凡与自己本职工作有关的义务就是职业义务。为保持并发展已形成的或将要建立的一系列联系、关系，就必须自觉地担负起对社会、对他人负有的使命、职责和任务。也就是说，必须自觉地履行应尽的职业道德责任。而敬业恰恰是职业道德责任的具体体现。

敬业，要求农业经理人在热爱自己本职工作基础上，无论处在什么样的工作环境中，都能保持乐观向上的心理状态，以饱满、激昂的斗志，善始善终地完成所承担的任务。

敬业，需要农业经理人在从事职业劳动的过程中，不计较个人利害得失，苦干、实干，呕心沥血，锲而不舍。在艰难困苦面前不低头、不退缩，勇往直前，甚至献出自己的生命。忘我献身精神，是在职业生活中履行忠于职守的职业道德规范最为可贵的品质。

总之，爱岗敬业是职业道德中最基本、最主要的道德规范，两者是互为前提、辩证统一的。没有农业经理人对自己所从事的工作的热爱，就不可能自觉做到忠于职守。但是，只有对工作的热爱之情，没有勤奋踏实的忠于职守的实际工作行动，就不可能作出任何成绩来，热爱本职也就成为一句空话。作为农业经理人，必须把对本职工作的热爱之情体现在忘我的劳动创造及为取得劳动成果而进行的努力奋斗过程中。要用对本职工作全身心的爱，去推动自己在职业活动中作出优异成绩。

2. 诚实守信

诚实守信是做人的根本，是中华民族的传统美德，也是优

良的职业作风。诚实守信是职业活动中调节农业经理人与工作对象之间关系的重要行为准则，也是社会主义职业道德的基本规范。

诚实，就是忠实于事物的本来面貌，不歪曲篡改事实，不隐瞒自己的真实思想，不掩饰自己的真实情感，不说谎，不作假。不为不可告人的目的而欺骗他人。

守信，就是重信用，讲信誉，信守诺言，忠实于自己承担的义务，答应别人的事一定要去做。其中，“信”字也就是诚实无欺的意思。诚实守信是职业道德的根本，是农业经理人不可缺少的道德品质。作为农业经理人必须诚实劳动，遵守契约，言而有信。只有如此，才能在市场经济的大潮中立于不败之地。否则，就不可能生存和发展。

只有诚实守信，才能办事公道。办事公道要求农业经理人遵守本职工作的行为准则，做到公正、公开、公平。不以权谋私，不以私害公，不出卖原则。否则，就会凡事采取表面应付的态度，能欺则欺，能骗则骗，根本就不可能真正做到办事公道。

只有诚实守信，才能服务群众。服务群众要求农业经理人尊重群众，方便群众，全心全意地为群众服务，为群众办好事、办实事。如果花言巧语对群众说的是一套，干的是另一套；当面一套，背后又是一套，就会失信于群众。

只有诚实守信，才能奉献社会。奉献社会要求农业经理人全心全意地为人民服务，不图名，不图利，以为人民谋福利、为社会做贡献为快乐。否则，就会表面上说是为人民服务，实际上是“为人民币服务”；表面上说不图名，不图利，实际上是沽名钓誉；表面上说是为人民谋福利、为社会作贡献，实际上是为一己之私利。

二、遵纪守法，办事公道

1. 遵纪守法

坚持改革、发展和稳定的方针，自觉遵守宪法和法律，维护社会稳定，是每一个公民的基本任务，也是农业经理人必须遵守的准则。

农业经理人所从事的职业有其特殊的行业特点，在进行收购、储运、销售以及代理、信息传递、服务中介的活动中，涉及许多法律和法则，例如，合同法、消费者权益保护法、产品质量法、计量法、税收管理法、野生动物保护法、食品卫生法、动植物检疫法以及道路运输管理条例等。农业经理人在职业活动中要分清什么是合法行为，什么是违法行为，什么是法律允许做的，什么是法律禁止的，要提高法律意识，增强法制观念，依法办事，依法律己，真正做到学法、知法。

农业经理人也要善于运用法律武器保护自身的合法权益。有的人由于不懂法律，当自己的合法权益受到非法侵害时，不能运用法律武器去维护自己的合法权益，而是“私了”，或者采用违法犯罪的手段去维护自身的权益。学法知法就是要知道法律是如何规定的，当你的农产品、你的储运行为、你的收购与销售行为等受到非法侵害时，就可以根据法律的有关规定，到法院去告状，请求法院维护你的合法权益，而不是用非法手段解决或“私了”。

2. 办事公道

各行各业的劳动者在处理各种职业关系或从事各种活动的过程中，要做到公平、公正、公开，不损公肥私，这是职业道德的基本准则。做公正的人，办公道的事，历来是农业经理人所追求的重要道德目标。

办事公道是指农业经理人在办事情、处理问题时，要站在公

正的立场上，对当事双方公平合理、不偏不倚，不论对谁都是按同一标准衡量。

在日常生活中。办事公道是树立个人威信和调动群众积极性的前提。在社会主义市场经济条件下，每一个市场主体不仅在法律上是平等的，而且在人的尊严与社会权益上也是平等的。人与人之间只有能力和社会分工不同，没有高低贵贱之分，大家应相互尊重，平等互惠。对于农业经理人来说，对待服务对象，不论职位高低，不论哪个阶层，都要一视同仁，热情服务。

三、精通业务，讲求效益

精通业务，讲求效益，这是辩证统一的两个方面，具有业务精通的能力，才有较好的效益。效益是精通业务的成果。业务精通，懂得管理，懂得节约，才能取得丰厚的效益。

农业经理人是从事“三农”经济的中介服务人，如农产品销售，农业科技成果转化为现实生产力，农村劳动力转移等。农业经理人的经理业务涉及很多知识，包括农村市场、农副产品、财务成本、经营管理、经济地理、法律法则、安全卫生、信息技术、公共关系艺术以及国际贸易等。

农副产品销售经理人，科技成果转化经理人，以及农村劳动力转移经理人的业务又各有不同，就需要精通业务，方能取得好的效益。如农业科技成果转化经理人，就需要有一批既懂技术、技能，又会经营的“专门人才”“市场专家”“销售能人”，利用自己掌握的科技知识为农民服务，以科技能人的身份帮助农民引进并推广各种农业新产品、新品种、新技术。农业经理人土生土长，农民对他们信得过，他们与农民之间具有天然的联系，对乡情了如指掌，他们懂得农民的需求。用他们的方式和信誉推广新的技术和品种，农民容易接受。农业经理人学习科学技术，运用科学技术，服务于农民，并在服务农民中获得了收入，同时，也普及了科学技能，推广了科技方法。

四、服务群众，奉献社会

1. 服务群众

群众是为人民服务的道德要求在职业道德中的具体体现，是农业经理人必须遵守的职业道德规范。服务群众是每个职业劳动者职业道德的基本规范，揭示了职业与人民群众的关系，指出了农业经理人的主要服务对象是人民群众。服务群众的具体要求就是每个农业经理人心里应当时时刻刻为群众着想，急群众之所急，忧群众之所忧，乐群众之所乐。一句话，就是要全心全意为人民服务。

一个农业经理人，作为群众的一员，既是别人服务的对象，又是为别人服务的主体。在社会主义社会，每个人都有权利享受他人的职业服务，每个人也承担着为他人作出职业服务的职责。

2. 奉献社会

奉献社会是社会主义职业道德的最高要求。它要求农业经理人努力多为社会做贡献，为社会整体长远的利益，不惜牺牲个人的利益。因此，它是一种高尚的社会主义道德规范和要求。

奉献社会是一种人生境界，它表现为助人、无私、奉献和牺牲精神。是一种融在一件一件具体事情中的高尚人格。其突出特征包括：一是自觉自愿地为他人、为社会贡献力量，完全为了增进公共福利而积极劳动；二是有热心为社会服务的责任感，充分发挥主动性、创造性，竭尽全力；三是不计报酬，完全出于自觉精神和奉献意识。在社会主义道德建设中，要大力提倡和发扬奉献社会的职业道德。

五、规范操作，保障安全

农业环境的好坏，对农业生产起决定性作用，农产品的安全

生产，直接受农业环境质量的影响。由于农业生产对农业环境采取粗放式经管，严重危害和影响了农产品质量。其主要表现为，用大量的污水灌溉、化肥农药的过量施用，农用地膜的广泛使用以及水土流失。长期盲目施用化肥，造成土地和水体环境的污染，直接影响农产品质量，土壤板结、地力下降、病虫害加剧、农产品质量下降等一系列经济环境问题。所以，农业经理人在销售活动中，必须注意农产品的生态环境，注意农产品是否受到土地污染、水污染等，否则，采购的农产品品质就不能保证，甚至影响到消费者的人身安全。

农产品的贮运涉及仓储条件、仓库安全和运输工具及机械设备的安全使用，农业经理人必须学习农产品保鲜储存知识、运输车和机械设备的安全使用知识以及仓库防火和防盗知识等，才能保证农业经理人业务工作的安全可靠。

第四章　农业经理人的基本素养

现代市场经济不仅要求经济活动应当遵循市场经济规则来进行，而且还要求市场参与者和行为人应当具备相应的基本条件。

第一节　农业经理人基本知识

一、商贸知识

1. 市场营销知识

研究以满足消费者需要为中心来组织商品生产与服务，从而获得最佳经济效益。市场营销的主要内容有市场调查、市场预测、市场选择、销售策略、对消费者和用户情况的分析等。

（1）市场营销分为宏观和微观两个层次。宏观市场营销是反映社会的经济活动，其目的是满足社会需要，实现社会目标。微观市场营销是一种企业的经济活动过程，它是根据目标顾客的要求，生产适销对路的产品，从生产者流转到目标顾客，其目的在于满足目标顾客的需要，实现企业的目标。

（2）市场营销活动的核心是交换。但其范围不仅限于商品交换的流通过程，而且包括产前和产后的活动。产品的市场营销活动往往比产品的流通过程要长。现代社会的交易范围很广泛，已突破了时间和空间的壁垒，形成了普遍联系的市场体系。

（3）市场营销与推销、销售的含义不同。市场营销包括市场研究、产品开发、定价、促销、服务等一系列经营活动。而推

销、销售仅是企业营销活动的一个环节或部分，是市场营销的职能之一，不是最重要的职能。

2. 财务会计知识

农业经理人在具体的经理活动中，不仅要核定自己的经营成本、利润等问题，而且还要给交易双方做些涉及农产品成本、利润等相应的咨询服务，掌握财务会计知识是必要的。而且，作为经理人来说，学好会计知识，有助于自己理财能力的提高。

3. 经营管理知识

农业经理人虽然提供的是中介服务和简单的管理服务，但整个经理活动中蕴含着丰富的经营管理思想。其工作不是简单地联系农产品供需双方，而是一系列的经营活动。在这个活动中，需要经理人了解市场需求，掌握农产品的采购、销售的若干方法：能根据实际情况对农产品发展趋势作出合理的判断与预测：对农产品生产环节成本做出正确的核算。从经理人本身的发展着眼，如何运作整个经理队伍，同样需要经营管理知识的帮助。

4. 地理状况知识

农业生产地域性很强。不同地区生产的性状与产品质量不同，而且我国幅员辽阔，农产品种类丰富多样。作为农业经理人，应该对农产品的分布概况、具体产地、交通状况等基本地理知识了如指掌。必要的时候，还要对国外相关的农产品分布情况加以了解和熟悉，以扩大销售空间。

5. 信息技术应用知识

在信息社会，熟练地运用获取信息的工具是很重要的。农业经理人通常居住乡村，信息传递时常有一定的困难。所以，经理人必须要克服不利的客观条件，不断学习掌握现代信息技术知识及手段，使自己在最有利的时间内掌握最新的信息，这样，才可能走在市场的前面。

6. 市场行情知识

这是分析和预测市场行情发展变化的新兴学科。主要内容有行情的性质、特征发展规律、行情的周期波动和非周期波动、预测事情发展趋势的策略与方法。

7. 商品技术知识

这是商品学与多种科学技术交叉的边缘学科，它从技术角度研究商品的使用价值及交换价值。主要内容有商品质量、商品的化学成分、商品的机械性质、商品标准、商品分类、商品鉴定、商品包装、商品运输、商品养护等。

8. 国际贸易知识

国际中介服务是未来农业经理人业务的重点领域。经理人不仅要当好国内供需双方的中介，更要把眼光瞄准国际市场，把经营业务打入国际市场。而这一切的前提必须是有大量的国际贸易和国际金融等涉外经贸知识。尤其是随着我国对外开放程度的进一步提高，我国和国际经济合作交流逐步扩大，开发涉外经营业务就显得越来越重要。如果没有涉外经济、涉外贸易方面的专门知识，就会寸步难行。

国际贸易学主要研究国际贸易基本理论和基础知识，分析当代国际贸易的重要问题和趋势。其主要内容有国际贸易的产生、地位和作用；国际分工；世界市场；国际价值与国际市场价格；国际服务贸易；跨国公司贸易；国际贸易政策；关税措施与非关税壁垒；贸易条约与协定；关税与贸易总协定等。

9. 国际金融知识

研究国际金融理论与实务以及国际金融组织与货币体系。主要内容有国际收支、国际储备、外汇汇率、外汇管理、国际信息、国际租赁、国际金融组织等。

另外，作为农业经理人，还应根据本行业经营项目的特点，了解相关的安全卫生知识，使农产品符合食用、使用的标准；能

正确地运用相关的工具，防止意外事故的发生。

二、农产品知识

农业经理人的业务是围绕农产品而展开的，农产品不同于一般商品，其经济活动也不同于一般商品的经济活动。一名合格的农业经理人，必须懂得有关农产品的基本知识。

（一）农产品的分类、特征

农产品包括农、林、牧、渔、副各业生产活动所获得的各种产品。如果按产品的直接用途来划分，可分为两大类：直接消费品和工业原料。其中，有许多农产品既是直接消费品，又可作为工业原料。

农产品的特征主要表现如下。

（1）农产品商品品种、数量的多样性。农产品是重复生产、批量生产的，同一时期多家企业或农户等可以生产同一产品，它具有同一性和横向可比性。

（2）农产品上市季节性强，而消费则比较均衡。农业生产有较强的季节性，农产品收获季节也极为集中。从而使农产品收购活动有明显的淡季和旺季之分，必须在特定季节集中人力、物力、财力组织收购工作，否则，将会降低商品质量，造成商品资源浪费。但是，农产品消费比较均衡，为了保证供应，必须大力做好仓储保管工作。

（3）农产品上市极为分散，而消费则相对集中。农产品生产分散在广大农村，生产单位数以千万，而消费地集中在城镇或工矿区，直接供应城镇居民生活消费和工厂加工。因此，农产品流转方向是由分散到集中，由农村到城镇。要把分散在广大农村和农民手中的农产品集中起来，再供应到城镇消费者手中需要有大量分散在农村的收购网点和人员，并要做好极其繁重的集运工作。

（4）农产品上市数量和质量不稳定，年际间、地区间波动大。由于受自然条件的影响，农业生产时丰时歉，有些野生植物原料还受大、小年的影响，质量也有明显差异，使农产品贸易在年际间、地区间波动大。要做好贸易工作，必须注意产需平衡、留有余地，搞好安全储备。

（5）经营技术性强。农产品经营技术性强，主要表现在两个方面：一是商品品种繁多、等级规格复杂，加之大多数农产品商品没有统一的质量规格标准，分等定级难度大，需要经营者具备丰富的经验和专门知识。二是农产品中，鲜活商品、易腐商品多，运输路程远，在经营过程中需要进行特殊的养护，具备特殊的储存和运输设备。

（6）市场制约因素多。农产品既是人民基本生活消费品，又是重要的工业原料，还是农业生产资料，其经营活动不仅受市场供求关系、价格变化的影响，还受人民生活水平、消费习惯和国家政策的影响。从事农产品贸易活动，不仅要研究市场供求关系，积极参与市场竞争，还必须树立政策观念、全局观念。

（二）农产品的标准

农产品标准是对农产品的质量、规格以及与质量有关的各个方面所做的技术规定和准则。在进行农产品收购、调拨、储运以及销售的整个商品化过程中，应当严格执行国家对农产品制定的质量、规格标准。农产品标准包括质量标准、环境标准、卫生标准、包装标准、储藏运输标准、生产技术标准、添加剂的使用标准、农产品中黄曲霉素的允许量标准、农药残留量标准等。农产品标准将会随着科技的进步和市场需求的变化不断增删，不断完善。

我国将农产品大致分为普通农产品、绿色农产品、无公害农产品和有机农产品。不同农产品的生产标准各不相同。

1. 普通农产品

(1) 说明标准适用的对象。即该标准应用于什么农产品，采用的是什么工艺、分类、等级，有的还指出这种农产品的用途或使用范围。

(2) 规定农产品的质量指标及各种具体质量要求。质量是评价农产品优劣的尺度，这是标准的中心内容，包括技术要求、感观指标、理化指标等项目。技术要求一般是对农产品加工方法、工艺、操作条件、卫生条件等方面的规定。感官指标是指以人的口、鼻、目、手等感官鉴定的质量指标。在农产品检验中使用十分广泛，其优点是快速简便，有一定准确性，无须专门仪器、设备，对于农产品的新鲜度、成熟度、色香味的判断具有使用价值。理化指标包括农产品的化学成分、化学性质、物理性质等质量指标。其测定需要利用各种仪器设备、器械和化学试剂来鉴定农产品的质量。它与感官检验法比较，结果较准确，能用具体数值表示，并且可用以测定农产品的成分、结构和性质。许多农产品还规定了微生物学指标及无毒害性指标。品质优良的农产品应该具有良好的食用品质和商品价值。食用品质一般包括新鲜度、成熟度、色泽、芳香、风味、质地以及内含营养成分等指标，作为加工原料的农产品，其质量要求除了上述有关指标外还有关于含水量、含杂量、加工适应性、有效成分含量等要求。

(3) 规定抽样和检验的方法。抽样方法的内容包括每批农产品应抽检的百分率、抽样方法和数量、抽样的工具等。检验方法是针对具体的指标，规定检验的仪器及规格、试剂种类及规格、配制方法、检验的操作程序、结果的计算等。

(4) 规定农产品的包装、标志以及保管、运输、交接验收条件、有效期等。由于大多数农产品是人们日常生活必不可少的主要食品，为了保障人民群众的身体健康，必须坚决贯彻执行国家《食品卫生法》的规定。即禁止生产、经营腐败变质、油脂酸败、霉变、生虫、污秽不洁、混有异物或者其他感观性状异常而可能对人体健康有害的食品；禁止生产经营含有有毒有害物质或者被有毒有害物质污染而可能对人体健康有害的食品。

2. 绿色农产品

绿色农产品是遵循可持续发展原则，按照特定生产方式生产，经专门机构认证、许可使用绿色农产品食品标志的无污染的农产品。

（1）绿色农产品标准的概念。绿色农产品标准是应用科学技术原理，结合绿色食品实践，借鉴国内外相关标准所制定的，在绿色农产品生产中必须遵守，绿色农产品食品质量认证时必须依据的技术性文件。对经认证的绿色农产品生产企业来说，是强制性国家行业标准，必须严格执行。

（2）绿色农产品标准的构成。主要包括绿色农产品产地的环境标准，即《绿色食品产地环境质量标准》《绿色农产品生产技术标准》《绿色农产品产品标准》《绿色农产品包装标准》《绿色农产品储藏运输标准》等。

3. 有机农产品

有机农产品是根据有机农业原则和有机农产品生产方式及标准生产、加工出来的，并通过有机食品认证机构认证的农产品。它的原则是，在农业能量的封闭循环状态下生产，全部过程都利用农业资源，而不是利用农业以外的能源（如化肥、农药、生产调节剂和添加剂等）影响和改变农业的能量循环。有机农业生产方式是利用动物、植物、微生物和土壤 4 种生产因素的有效循环，不打破生物循环链的生产方式，是纯天然、无污染、安全营养的食品，也可称为“生态食品”。

4. 无公害农产品

无公害农产品是产地环境、生产过程和产品质量均符合国家有关标准和规范的要求，经认证合格，获得认证证书，并允许使

用无公害农产品标志的未经加工或者初加工的农产品。无公害农产品执行的是国家质检总局发布的强制性标准及农业农村部发布的行业标准。产品标准、环境标准和生产资料使用准则为强制性国家或行业标准，生产操作规程为推荐性行业标准。目前，国家质检总局和国家标准委已发布了 4 类无公害农产品的 8 个强制性国家标准，农业农村部发布了 200 余项行业标准。

（三）农产品的分级

农产品分级是指按农产品商品质量的高低划分商品等级。它是生产者能否将产品投入市场的重要依据，也是经营者便于质量比较和定价的基础。

农产品一般分成特级、一级和二级共 3 个等级，按产品的健全度、硬度、整洁度、大小、重量、色泽、形状、成熟度、杂质率、病虫害和机械损伤程度等定出各等级的标准。特级的要求最高，产品应具有本品种特有的形状和色泽，不存在影响产品特有的质地、风味的内部缺陷，大小粗细长短一致，在包装内产品排列整齐，允许各分级项目的总误差不超过 5%。一级农产品的质量要求大致与特级品相似，允许个别产品在形状和色泽上稍有缺陷，并允许存在较小的外观和耐贮藏性的外部缺陷，允许总误差为 10%。二级农产品可以有某些外表或内部缺点，该级产品只适用于就地销售或短距离运输。

1. 粮食的分级

粮食的原始品质主要决定于粮食品种、完善粒状态、杂质和水分。不同的品种由于其成分、品质、用途不同。即使是同一品种，由于不完善粒及杂质的比例不同，其耐储性能及加工出的产品质量也不同。因此，为了保障加工产品质量的一致性和更好地进行粮食营销，有必要对收购的粮食进行分级分等，分别管理。不同粮食品种分级依据不同。

2. 果蔬的分级

果蔬的分级方法有人工操作和机械操作两种。目前我国普遍采用的是人工分级。

（1）人工分级。人工分级有2种：一是单凭人的视觉判断，按果蔬的颜色、大小将产品分为若干级。用这种方法分级的产品，容易受心理因素的影响，往往偏差较大。二是用选果板分级，选果板上有一系列直径大小不同的孔，根据果实横径和着色面积的不同进行分级。这种方法分级的产品，同一级别果实的大小基本一致，偏差较小。人工分级能最大限度地减轻果蔬的机械损伤，但工作效率低，级别标准有时不严格。

（2）机械分级。采用机械分级，不仅能够消除人为的心理因素的影响，更重要的是能显著提高工作效率。各种选果机械都是根据果实直径大小进行形状选果，或者根据果蔬的不同质量进行的质量上的选果，或是按颜色分选而设计制造的。

我国目前果蔬的商品化处理与发达国家相比差距甚远，只在少数外销商品基地才有选果设备，绝大部分地区使用简单的工具，按大小或质量人工分级，逐个挑选、包装，工作效率低。而有些内销的产品甚至不进行分级。水果分级标准因种类、品种而异。我国目前的做法是在果形、新鲜度、颜色、品质、病虫害和机械伤等方面已符合要求的基础上再按大小进行手工分级，即根据果实横径的最大部分直径，分为若干等级。经分级后的果蔬商品，大小一致，规格统一，优劣分开，从而提高了商品价值，降低了储藏与运输过程中的损耗。

3. 绿色农产品的分级

（1）A级绿色农产品标准要求。生产地的环境质量符合《绿色食品产地环境质量标准》，生产过程中严格按绿色食品生产资料使用准则和生产操作规程要求，限量使用限定的化学合成生产资料，并积极采用生物学技术和物理方法，保证产品质量符

合绿色食品产品标准要求。A 级绿色农产品标准与无公害农产品标准类似。

（2）AA 级绿色农产品标准要求。生产地的环境质量符合《绿色食品产地环境质量标准》，生产过程中不使用化学合成的农药、肥料、食品添加剂、饲料添加剂、兽药及有害于环境和人体健康的生产资料，而是通过使用有机肥、种植绿肥、作物轮作、生物或物理方法等技术，培肥土壤、控制病虫草害、保护提高农产品品质，从而保证产品质量符合绿色食品产品标准要求。AA 级绿色农产品标准相当于有机食品标准。

三、法律知识

依法办事是这个时代的必然要求，在社会生活的许多领域，都有法律规范去约束和调整人们的行为。在经济生活中也是如此。从事经理活动，要明确业主与经理人的权利和义务，维护自己的合法权益，经理人必须掌握一定的法律知识，签订的各种合同要规范，否则，将寸步难行，劳而无功，甚至倒贴一把。经理人应掌握以下几个方面的法律知识。

1. 民法

民法是调整平等主体之间，即公民之间、法人之间以及他们相互之间一定范围的财产、人身关系的法律规范的总称。民法不是调整财产关系的全部，而是调整其中的财产所有关系和财产流转关系，并以平等、有偿为原则，对民事行为、代理、民事纠纷等作出的相关规定。

2. 合同法

合同法对合同的订立、履行、变更、解除和纠纷等作了规定，经理合同是经理人应了解的重点法律知识。

3. 税法

税法是由国家制定的调整国家与纳税人之间征收和缴纳税款

为内容的行为规范，是国家各种税收法律、法令的总称。税法的基本内容有纳税对象、纳税主体、税率、减税免税、违法处理等。

4. 国际商法

国际商法主要内容包括合同法、买卖法、产品责任法、代理法、商事组织法、票据法等。

5. 专利法

专利是专利权的简称，是指国家专利机关根据发明人的申请，依法批准授予发明人在一定期限内对发明成果所享有的专利权。《专利法》的主要内容有专利权人、专利应具备的条件、我国主管专利工作的机关、确定申请专利的日期、专利期限等。

6. 经理人管理办法

要熟知经理人的权利和应遵守的规则、行为。

另外，随着市场经济的发展，为规定经理人的行为而制定的法律规范会逐渐制订产生，如《证券交易法》《交易所法》《房地产投资与交易法》《反不正当竞争法》《私营经济法》《经理人管理办法》等法律法规将逐步出台，经理人都应该掌握与精通，

四、心理学知识

心理学是研究人的心理规律，包括认识、情感、意志等心理过程以及能力、性格等心理特征规律的科学。经理人要掌握一定的心理知识，丰富对人的本质的全面理解，以便形成准确的心理判断能力，恰如其分地揣摩购销双方的意图，形成较好的谈判技巧，排除谈判过程中遇到的障碍，提高经理业务的效率。

五、发票知识

农业经理人在使用农产品统一收购发票时，需要了解《中华人民共和国发票管理办法》及其《实施细则》，该内容对有关免

税农业产品以及农业产品统一收购发票（以下简称收购发票）领购、开具、使用等，都有着比较严格而具体的规定。例如，收购发票的使用范围仅限于收购农业生产者销售的自产免税农业产品，且仅限于小辖区范围内使用，不得携带外出使用，如确需外出收购，需开具发票，按有关规定办理：又如，收购发票必须是逐笔开具，不得汇总开具，收购发票必须按号码顺序使用，出售人的详细地址（列至村组）、身份证号码、开票人等内容填写齐全真实；再如，收购外地人送上门的货物。必须有对方税务机关出具的《自产自销证明单》；收购金额超过 1 000 元的必须通过现金支票支付，并将出售人身份证复印件、过磅单、入库单粘贴在收购发票的记账联后等。

第二节　农业经理人基本能力

农业经理人需要针对所从事的农业分类具备不同的专业知识与管理知识。例如，大田管理与设施蔬菜管理、牧场与集约化养殖场管理，都需要不同的知识，以下只介绍通用的能力要求。

农业经理人除了基本的农业专业职业素质外，还需要具备一些基本的交际、沟通、调研等方面的能力，包括观察能力、电脑操作能力、市场调研能力、写作能力、社交能力、应变能力、谈判能力、产品质量辨识能力等。这些能力的有机结合和运用，是农业经理人提高农业生产效率的根本保障。

一、观察能力

农业经理人要在复杂的市场环境中求得生存与发展，就必须有锐利的目光和敏捷的思维，能拨开纷乱无序的现象，抓住事物的本质。既要观察市场的变化，也要了解具体农产品的生产过程、外观、性状等指标，一眼能看出产品优劣、服务质量的好坏，也能立刻找出问题症结所在，并时刻培养这种能力，做到眼睛勤看，头脑多想，心中善记；客观、及时、准确、全面、周密地去观察。只有这样，才能作出正确的决策。

第一，农业经理人要培养勤于观察的习惯，更多、更及时地发现新信息，机会往往稍纵即逝，只有勤于观察，才能及时发现，才能不失时机地做好农业工作。

第二，要注重细节，对人对事细致入微，不放过任何一条有价值的信息，不忽视任何与农业业务有关的小事，逐步培养起敏锐的观察能力。

第三，农业经理人要能够正确观察，农业气象和农业相关市场变幻莫测，许多事物往往有两面性，并且不断发展变化，所以，要多方位全面观察问题，辩证地看问题，防止片面或静止地看问题，以免造成判断失误或贻误战机。

第四，农业经理人还要注意观察的客观性、目的性和典型性，并要按计划、有步骤、有顺序进行系统性的观察，做到全面、周密、严谨、细致，才能摸清农业相关市场。

二、电脑操作能力

电脑已成为一种工具，在生产生活中发挥着广泛的作用。熟练掌握电脑的操作，工作效率将会成倍增长，跨国公司的总经理坐在办公室里，利用电脑几秒钟内便可以通过信息管理系统搜索到世界行情。在未来社会里，不懂电脑，将被视为现代社会的新文盲。对农业经理人来说，具备一定的计算机知识是必不可少的。利用计算机及其网络可以获得国内外各种农业相关信息。不懂计算机，不会操作计算机，就好比是失去了得力的劳动工具，开展工作会变得十分困难。现在网络资源丰富，平时也要多浏览相关农业网站，有些专业 App 也可下载到手机上，方便获取知识与信息。

三、市场调研能力

农业经理人要获取市场信息、科技信息和商品信息都需作充分的调查。具体来说，经理人在着手任何一项交易之前，首先要对供方的产品质量、价格、售后服务、信誉保证以及需方的需求项目等进行认真的调查分析，并把这些状况同具有可比性的同类业务进行比较，才可使委托方不至于上当受骗，真正做到公平、互利。调查方法很多，经理人要着重用好资料收集法、个案访谈法、观察法和问卷法等。不管采用哪种方法，经理人都要掌握第一手材料，只有这样，才能在与第三方的洽谈中赢得主动，在供需双方中赢得声望，为以后的成功铺平道路。

四、写作能力

农业经理人的一项基本工作就是要根据委托方的意思表示进行经理活动中有关文件的草拟工作。经理人接受委托，从事各种形式的管理和中介活动时，均应签订合同。此外，当经理人成为委托代理人，还要代理委托方签订合同。上述这些工作，都离不开写作。经理人写的都是具有法律效力的文书，选词用字必须严谨，以免产生合同纠纷。

五、谈判能力

农业经理人在处理各种各样的业务时，要与委托方和第三方产生一系列的谈判活动，如要约、承诺、时间、标的、价格、佣金等。只有通过谈判，甚至是相当持久的谈判才能达成共识，因此，经理人必须具备谈判能力。具体包括较强的语言表达能力，可以完美地阐述自己的观点、立场；较好的沟通协调能力，使谈判双方信息互通、互相理解、关系融洽：敏捷的观察能力，明察秋毫，及时准确地注意到谈判对手的心理变化及意图，及时采取对策；谈判中要有较强的决策能力，权衡利弊，及时对对方的要约进行答复，同时，还要保持理智，能取能舍，当断则断。

六、社交能力

社交是农业经理人必须掌握的一门艺术和必须具备的能力。一名成功经理人的背后，往往有一个巨大的社会信息联络网。信息网络的有效性，可以说是经理人成功的客观条件。只有广交朋友，才能获得大量的信息，把握住在交往中获利的时机。作为经理人，一定要懂得社交中的各种不同的礼仪、习惯和风俗，树立起自己的社交形象，灵活运用各种社交技巧。

七、应变能力

应变能力对农业经理人来说必须具备，政治、社会或自然等因素的变化都会引起生产管理与市场的变化，谁也无法控制自然状况与农产品市场的走势，唯有时刻保持头脑清醒，对每一次变动的冲击作出反应，随机应变，才更易获得成功。在处事待人方面，经理人也要能够随机应变，洞察各类人的心理，根据不同时间、不同地点灵活处理问题，这样才能百战不殆。

八、产品质量辨识能力

面对产品质量日益提高的形势，农业经理人无论是开展交易中介，还是产品营销，或是提供生产环节管理服务，都需要把住产品质量关，练就识别产品质量的火眼金睛，从而准确定位产品和市场。第一，鉴别产品的功能是否符合国家或地方性的质量标准；第二，鉴别产品的安全、卫生是否会损害他人生命和财产，是否危害生态环境；第三，鉴别产品和服务的优劣性，防止坑人害己；第四，判断产品的可靠性，包括产品的保质期、寿命期、可储存性、适用性等；第五，根据市场的质量需求，用感官识别

产品的质量，并且能正确分类或分级；第六，借助科学手段，正确抽样检查检测。

第三节　农业经理人基本素质

农业经理人是市场经济的产物，他们迎合了农村、农业和农民的发展需求，利用自己信息灵通、服务优质、信誉良好等优势，在生产厂商和农村之间筑起了沟通的桥梁。农业经理人的内在素质在很大程度上影响着其业绩的发展，因此，必须不断提高自身的素质，使自己的经理活动建立在更为合理和科学的基础之上。

一、思想素质

思想素质包括政治素质和职业道德素质。

1. 政治素质

在社会主义市场经济体制下，农业经理人是为发展农村经济和提高农民收入服务的。作为经理人来讲，必须有较高的政治思想觉悟，正确领会和贯彻党和国家的各项方针政策，树立依法经营的观念，有强烈的时代感和责任心，使自己成为一个有理想、有道德、有文化、有纪律的新型农业经理人。

2. 职业道德素质

关于职业道德素质，在第三章中已有详细介绍，这里不再重复叙述。

二、心理素质

1. 自信心强

自信是对经理人职业心理的最基本要求，是对自己所从事职业的认同和热爱，所以，经理人首先应对自己的职业树立荣誉感和自豪感。同时，自信能给对方以信任感。经理人在业务活动中要与各种各样的人打交道，需要说服他人，促成交易，没有一种自信、坚韧的心理素质是很难胜任的。总之，在经理过程中经理人既要谈笑自若，谦恭有加，又要机锋不露，不卑不亢；待人处事注意分寸，既不高傲自大，也不低三下四：既不拘谨腼腆，也不盛气凌人，充分体现出经理人在经营、社交活动中正直、磊落，可亲近但不可侮辱的风范。

2. 心境平静

经理人的心理结构应是平衡的、和谐的，虽然有情绪反应，但不应受消极情绪的影响而使行为失当。尽力保持一种较为平静的心境、清醒的头脑和控制行为的自觉性，让积极情绪居于支配的地位。面对各种意想不到的情况，经理人要能够保持稳定的情绪，不能感情用事。即使是面对敌意和相当不利的场合，也要能控制自我，冷静而礼貌，诚恳而不软弱，耐心而不激化矛盾，做到喜不露形、怒不变色、处事稳定。

3. 热情豁达

经理工作是一项需要付出大量脑力和体力劳动的艰辛工作，并且有一定的风险。一条信息的获得，一笔交易的促成，不可能一蹴而就，往往需要几经反复。它需要经理人全身心地投入，付出自己的热情与耐心，所以，热情是经理人必备的基本心理素质之一。热情能使人经常处于一种积极、主动的精神状态中，同时，热情的人，更容易被别人所接受，更容易与他人交往，以拓宽自己的信息渠道。

在人际交往过程中，心胸豁达是事业成功的基本保证。既能自我接纳，也能接纳他人。同时，也能以诚恳、公正、谦虚和宽厚的态度待人，尊重委托人的权益和意见，在经理业务中以主人翁的精神积极参加各项活动。豁达的心理还可使经理人在紧要时刻保持冷静，迅速总结分析，重新抓住机遇，渡过难关，重获成

功。经理人的豁达心态主要表现在对待业务有热心，克服困难有信心，纠正失误有决心，遇到挫折不灰心，面对非议不上心等各个方面。

4. 坚韧不拔

经理活动是比较艰辛和复杂的，要求经理从业人员有顽强的意志和较强的心理承受能力；要求经理人要有百折不挠，不达目的誓不罢休的精神。只要有百分之一的可能，就要有百分之百的努力。对有可能的业务必须持之以恒，绝不轻易放弃。

5. 胆识和冲动

良好的冒险胆量和竞争冲动是一种成熟的心理素质，它并不等于“盲动”，而是以全面掌握有关专业知识和谨慎周密的谈判为基础，比他人抢先得到获取利益的机会。这是每个成功者都必须具备的一种特质。没有竞争，只会让平庸之辈在其位不谋其政，所以有水平、有能力、有才华、想干一番事业的人，会感到竞争的特殊诱惑力。

经理业务中存在着多方面的竞争：同行内经理人之间的竞争，客户与经理人之间的利益竞争等。经理人要有勇于开拓的精神，要敢为天下先，敢于在竞争中求生存，求发展。

三、意识素质

1. 市场观念意识

农业经理人在促成交易买卖的活动中，不仅要为委托经理的客户赚钱，还要对交易伙伴有利，这就要求他们要有现代市场观念。对市场的需求变化反应敏锐，要善于捕捉和沟通市场信息，了解竞争状况、投入产出状况，能够预见国内、国际市场的变化，利用市场上供求、价格、竞争机制的作用，促成交易。

2. 科技意识

农业经理人区别于一般市场经理人的标志，在于农业经理人应以科技的运用作为支撑，扩大购销和行纪规模，引进技术，推广技术，增加行纪产品的科技含量。农业经理人的科技意识还表现在对科技人才的重视，即善于引进和利用科技人才，或善于与科技部门和科技人才建立合作及协作关系。

3. 信息意识

随着市场经济的发展，科学技术的进步，信息传播的数量和速度不断地加大、加快。广泛地获得信息，从众多的信息中鉴别出有价值的内容，是当务之急。农业经理人，一方面，要善于主动、及时地捕捉与自己业务相关的或能够为经理活动提供预见性的、指导性意见的信息，如农产品在时间上的限制、地域上的差别、价格上的多变等信息；另一方面，农业经理人要在获取一定的信息资料后，学会运用科学的方法，把原始的信息通过归纳、分析、对比、综合等手段，去粗取精，去伪存真，提炼出有价值的信息。此外，农业经理人应当建立自己的市场价格行情，买卖客户的信息库，关注市场的行情变化，分析市场的行情趋势，学会运用计算机储存和处理各类准确和有价值的信息，为获得成功交易创造条件。

4. 服务意识

农业经理人来自农民，只有服务好农民，才能扩大业务，才能为农业和农村经济发展作出更大贡献。作为农业经理人，应在农业科技的引进中充当领头羊的作用，通过自己的营销与生产服务，带动区域专业化和产业化发展，实现农民增收的目标。

5. 受教育意识

农业经理人的受教育水平决定其市场观念和科技意识，这是能否做大做强的内在要素。农业经理人的受教育水平可分为先行教育和后行教育。先行教育是指农业经理人所受的基础文化教育或专业学习教育：后行教育是指农业经理人在开始经理工作后所接受的教育，实际上很多农业经理人都是在实践中学习的。通过

对相关知识的系统学习，为供需双方提供优质、高效的中介服务。

6. 管理决策意识

农业经理人的管理决策水平是其能否做强的决定性因素。其管理决策水平表现在及时根据市场和科技的变化，作出市场经营决策和技术的选择，并善于组织市场协作和科技协作。

7. 公关意识

公关意识是一种综合性的职业素质，其核心就是形象意识。一个好的经理人，也应该是一名好的公关专家，一个经理人或经理公司在社会公众心目中的形象好坏或形象的完美程度，对其目标对象或中介目标的实现有重要影响，有时甚至起着决定性的作用。

公关有两大基本要素：其一是被公众和客户了解和知晓的程度，即“知名度”；其二是被公众和客户赞誉、认可的程度，即“美誉度”。公关的成功正是这两者的完美结合。因此，每个经理人既是经理人又是公关工作者。需要具备端庄大方的仪表风度、较强的语言表达能力、热情开朗的个性。在与农产品商品买卖双方接触过程中注重礼仪，娴熟运用各种公关技巧和处世艺术，广泛沟通农产品交易双方的思想，调解争议，这些对赢得客户的了解、信任、好感与合作有着举足轻重的作用。

8. 强化风险意识

农业经理人所促成的交易是农业服务和农产品的交易。经理的农业服务质量的好坏也十分关键，如果服务队伍水平较差，造成纠纷，也会造成各方面的损失。由于农产品商品的使用价值，既有直接性也有间接性，使得农产品市场上的风险大大增加，这意味着农业经理人要承受较大的风险。因此，强烈的风险意识是农业经理人应具备的素质之一。当客户生意受损、不利，大骂经理人时，经理人既要容忍，又必须向客户说明不利或亏损的原因所在，使客户明白交易中的风险，特别是期货交易中的风险是很正常的。

四、身体素质

良好的身体素质是农业经理人取得事业成功的又一重要条件。由于农业经理人的经理领域有很强的地域性，经常要走村串户，往返于城乡之间，甚至翻山越岭、跋山涉水，消耗大量的体力和精力。因此，充沛的精力、清醒的头脑、健壮的体格是农业经理人必须具备的身体素质。

第四节　农业经理人基本礼仪规范

一、出行礼仪

现代社会，人们每天都要与包括公交车、自驾轿车、火车、轮船、飞机等在内的各种各样的交通工具打交道。在乘坐交通工具时，人们必然要与陌生人联系在一起。因此，了解、掌握、注意交通礼仪，并按交通礼仪的要求来支配自己的行为是非常重要的。

（一）行路礼仪

行路，这里主要指人们举步行走。根据社交礼仪，行路亦须自尊自爱，以礼待人。行路不但有普遍通行的礼仪守则，而且在不同的行路条件下还有各自不同的具体礼节要求。

行路，不管是一个人独行，还是多人同行；不管是行走于偏僻之地，还是奔走在闹市街头，都有一些基本的礼仪要求应当遵守。

1. 自我约束

行路，对一般人而言，多数情况下是一种个人及家人在室外

进行的活动，并无熟人在场，缺少他人监督，行事要处处谨慎，严格约束个人行为，始终自律。具体而言，特别是要做好以下几点。

（1）不吃零食。在行路时大吃大喝，不仅吃相不雅，不够卫生，不利于身体健康，更重要的是还有可能给其他过往的行人造成不便，有碍于人。

（2）不吸烟。吸烟是一种有害个人健康的行为。在行路时吸烟，会污染空气，甚至还有可能烧坏别人的衣物，危及他人安全。

（3）不乱扔杂物。在行路之时，若有必要处理个人的废弃物品，应将其投入专用的垃圾箱。不要随手乱丢，破坏公共场合的环境卫生。

（4）不随地吐痰。行路时，若确需吐痰，应于旁边无人时，将痰吐在纸巾里包好，然后投入垃圾箱。不能随地乱吐。直接吐入垃圾箱也不卫生。

（5）不过分亲密。朋友或夫妻一起行路时，不应勾肩搭背、又抱又搂，表现得过分亲密。将这类个人隐私当众“公演”，既不自重，也会令在旁之人感觉不舒服，不自在。

（6）不尾随围观。行路时，遇到交通事故、他人争吵等现象都不要去围观，尤其是不应围观外宾和身着少数民族服装者。对于不相识的异性，不应浅薄轻浮，频频回首顾盼，更不许尾随其后，对其进行骚扰。

（7）不毁坏公物。对于公共场所的各种设施、物品，要自觉爱护。不要做攀折树木，采折花卉，蹬踏雕塑，在墙壁上信手涂鸦、划痕，践踏绿地、草坪这一类毁坏公物的事情。爱护公物应当成为每个人主动自觉的行动。

（8）不窥视私宅。对于同自己毫不相干的私人居所，不要贸然上前打扰，更不要趴在其门口、窗口、墙头，偷偷观望，干涉他人的活动自由。

(9) 不违反交通规则。行路时务必要遵守交通规则，过马路要走人行横道、天桥或地下通道，必要时要看红绿灯或听从交警指挥。不要乱闯红灯，翻越隔离栏，或是在马路上随意穿行。

2. 互助互谅

在行路时，对于任何人，即使是一位素昧平生的人，都要相互关心，相互帮助，相互照顾，相互体谅，并且友好相待。

(1) 礼让。在比较拥挤的地段，要有秩序地依次通过。一般的要求是，青少年应主动给老年人让路，健康人应给残疾者让路，男子应给女士让路。

(2) 问候。路遇熟人，要主动打招呼，至少也要以适当的方式向其打个招呼，忌假装不识，匆匆闪过，不应当对其视若不见。对于其他不相识者，如正面发生接触时，也有必要先向对方问好，然后再论其他。如果遇到的是久别重逢的朋友，寒暄之后还想交谈几句，应自觉靠边站立，以免妨碍他人行走。

(3) 问路。问路时要用礼貌用语，可以说："同志，对不起。我可以向你问个路吗？"也可用"请问""劳驾"等词开头，所以，称呼一定要恰当。对方回答你之后，不论自己感到是否满意，都应诚恳地说声"谢谢"。另外，应注意骑车者问路要下车后再问。

(4) 答复问路。有人向自己问路时，应尽力相助，有可能时还可为之带路，不要不耐烦或不予理睬，如果自己也不熟悉这条道，说一声"对不起"，请他再问别人，即使自己有急事，也不必显出不耐烦的样子。

(5) 帮助老幼。遇到老弱病残者，或是盲人、孩子有困难时，应主动上前关心、帮助，不要视若不见，甚至对其讥讽或呵斥。

(6) 扶正斗邪。碰上打架、斗殴、偷窃、抢劫或其他破坏

公物、破坏公共秩序的行为，应挺身而出，见义勇为，与坏人坏事大胆斗争；不要事不关己，走为上策。

3. 保持适当距离

在公共场合行路，应当注意随时与其他人保持适当的距离。社交礼仪认为，人际距离在某种情况下也是一种无声的语言。它不仅反映着人们彼此之间关系的现状，而且也体现着其中某一方，尤其是保持某一距离的主动者对另一方的态度、看法，因此，对此不可马虎大意。通常人与人之间的距离大体可以分为 4 种类型，行路之时，对此应正确地加以运用。

(1) 私人距离。当两人相距在 0.5 米之内时，即为私人距离。它又称亲密距离。仅适用于家人、恋人、至交之间。与一般关系者，尤其是陌生人、异性共处时，应避免采用。

(2) 社交距离。当两人相距在 0.5~1.5 米时，即为社交距离。这一距离主要适用交际应酬之时。它是人们采用最多的人际距离，故又称常规距离。

(3) 礼仪距离。当两人相距在 1.5~3 米时，即为礼仪距离。它有时也称敬人距离。该距离主要适用于向交往对象表示特有的敬重，或用于举行会议、庆典、仪式。

(4) 公众距离。当两人相距在 3 米开外时，即为公众距离，它又称为大众距离或者“有距离的距离”，主要适用于与自己不相识的人共处。在公共场合行路时，与陌生人之间应尽量采取这种距离。

(二) 乘车礼仪

有关乘车的礼仪，主要包括乘车时的座次与礼待他人 2 个方面的内容。乘坐轿车与乘坐公共汽车、火车、地铁时的座次，各有不同的讲究。而轿车的类型不同，乘车时座次的排列也大为不同。

1. 乘火车的礼仪

（1）有同行者出行。若有同行者时，男士或年轻者应先上车，找好座位，放好行李后帮助女士或年长者上车。若碰上找不到座位的情况，应站在女士或年长者旁，以便照顾。

（2）根据车票对号入座。国内火车分硬席、软席、硬卧、软卧，国外火车分一等车厢和二等车厢，不同类别座位的票价差距很大，因此要根据车票对号入座。在有空位，可以不对号入座的情况下，在就座前应礼貌地征得旁边乘客的同意，然后入座。不能不打招呼，见座就抢。

（3）注意行为举止。入座后应向邻近乘客点头致意，并尽快将自己的行李收拾妥当。行李的摆放要以不妨碍他人为原则。与邻近乘客交谈，应尽量放低谈话的声音，不妨碍他人。在身旁旅客看书、看报、闭目养神或睡觉的情况下，要停止与他人进行交谈。或把说话声降至尽量小。如对他人所看的书、报感兴趣，在未经允许的情况下不要随意取阅，也不要悄悄凑过去看别人手中的书、报，应在别人不看时借阅。开窗、关窗要尽量照顾到别人的感受，不能只考虑自己的需要，以免引起不快。下车时应与身旁的旅客道别。

（4）注意仪表。车厢是一个特殊的公共场所，乘客们要在车厢里共同度过几个小时甚至几个昼夜，因此在车厢里一定要注意自己的仪表，不可太随便。在车上，男士不能只穿背心或光着膀子；不要脱鞋，或将脚伸到对面座位上。如坐车时间较长，可提前为自己准备一双拖鞋。换上拖鞋后将原来穿的鞋妥善放好，以免鞋的气味影响他人。

（5）讲究卫生，维护公共环境。车厢内人们的活动空间很小，一定要讲究卫生，维护公共环境。不能将废弃物随意扔在车厢内，也不能将废弃物装在塑料袋里扔到窗外；在车厢内最好不要吸烟；带孩子的乘客一定要注意管理好孩子，不要让孩子乱走

动、喊叫、乱扔垃圾或随便动别人的东西。

(6) 车票应随身带好。乘火车应将车票或上车后换的车牌随身带好。中途下车的旅客要记清楚下车时间，提前做好下车准备。下车时带好自己的随身物品。

2. 乘轿车的礼仪

(1) 轿车的座次。轿车的座次是有讲究的。一般认为，车上较尊贵的座位是后排与司机座位成对角线的座位，即后排右座，然后依次为后排左座、后排中座、前排右座。

(2) 交际活动中的入座礼节。宾主同车，应先请客人上车，入座后排右座，随后主人上车在后排左座，随同人员最后上车，坐前排右座；在主人自己开车而客人只有一人的情况下，可请客人坐前排右座。

(3) 平时乘轿车礼节。如 1 人乘车，可坐后排；若 2~3 人乘车且是同性，可以同坐后排；若 1 男 1 女乘车，应安排女士坐后排右座；若 3 人 2 男 1 女，则可安排女士居中，也可女士坐后排右座，其中，1 男士坐前排右座；若 2 女 1 男 3 人乘车，可安排 2 位女士坐后排右侧，男士坐后排左侧。也可安排男士坐前排右侧，2 位女士坐后排。

(4) 女士上下轿车的礼节。女士上车时，不应先伸进一条腿，再伸进另一条腿，应先轻轻坐在座位上，然后再把双腿一同收进车内，下车时要双脚同时着地，不可一先一后。

3. 乘公交车的礼仪

公交车是普通大众使用最广泛的交通工具，上下班及外出多乘坐公交车。公交车有面向市场服务的公交车和单位内部为职工上下班而开的公交车两种类型。乘公交车的特点是，公交车上相互之间面对的时间比较短，但车内空间小、乘客之间的距离近。因此，乘坐公交车必须注意有关礼节，否则，很容易产生误会。

(1) 遵守秩序。乘客应在车辆停稳后按先下后上顺序上下车。上车后按规定投币、刷卡或购票，切不可因逃票而失去人格和尊严。

(2) 进入车厢后要向里走，互相谦让。上车后不要堵在门口，不要占座位，要相互谦让和照顾。与其他旅客要互相礼让，不要因一点小事就争吵不休，碰上老弱病残孕应主动让座，不小心碰着别人要表示道歉。

(3) 车内不要吸烟和吃零食。公交车的空间小，空气也不够流通，吸烟不仅造成空气不好，烟火还可能损坏到别人的衣物等。车上吃零食不仅不卫生，还会产生各种杂物，所以，在车上最好不要吃零食，避免破坏车内卫生。

(4) 保管好自己的物品。上车后应保管好自己的物品。如带有大件物品，要注意不要挤压到其他人。雨天乘车要收好自己的雨具，以免弄湿其他人。

(三) 乘飞机的礼仪

1. 提前到达机场，办好登机手续

一般来说，乘国内航班应当提前1小时到达机场，乘国际航班要提前1~1.5小时到达机场，以便留出充足的时间来办理登机手续。

2. 乘飞机的行李要尽可能轻便

登机时，手提行李一般不要超过5千克，体积不能超过规定大小，否则，应将行李随机托运。目前，国内航班允许每人托运不超过20千克的行李；国际航班允许每人托运不超过30千克的行李。如必须携带较多的行李，超过规定范围的则要按规定缴纳行李超重托运费。

3. 通过安全检查门进入登机口

在通过安全检查门时，乘客应将自己的机票、登机牌、有效身份证（护照、军官证、警官证、台胞回乡证等）主动交安检人员检查，并站在规定的黄线外等待检查。检查通过进入候机厅

入口时，要将随身物品及行李放到传送带上检查。检查完后注意将自己的机票、证件等物品收好，以免遗失。登机时应主动出示登机牌。

4. 应向乘务员致意

上下飞机时，均有空中小姐站立在机舱门口迎送乘客。她们会向每一位通过舱门的乘客微笑问候。作为乘客，也应礼貌地向乘务员点头致谢。

（四）乘客轮的礼仪

人们出差、旅行或经过江河湖海时，都需要乘坐客轮，有的时候还需专门乘坐游览客轮观光游览。与飞机相比，乘坐客轮的时间一般较长，客轮的活动空间较大、舒适和自由，这也就更需要乘坐客轮的旅客讲究礼节。

1. 必须按舱位对号入座

客轮是按舱位等级、铺位号销售的。乘客乘船时，应提前买票，对号入铺。

2. 乘客轮时要注意公共场所的礼仪

客轮上有餐厅、阅览室、娱乐厅、歌舞厅及录像厅供乘客就餐、娱乐及消遣。风平浪静时乘客还可到甲板上散步，享受浪漫的诗情画意。在客轮上不论参加何种活动，都要注意礼节。

（1）到甲板上散步，碰到风浪大时要注意安全，防止摔倒，有小孩的乘客要看好自己的孩子。

（2）吸烟的乘客不要在禁烟区吸烟，即使在吸烟区域吸烟也要特别注意烟火，严防火灾。

（3）不要在船头及甲板上舞动丝巾，晚上不要用手电乱晃，以免被其他船误认为是在打旗语。

（4）不能在船上相互追逐，碰到景点需要拍照时不能乱挤。

（5）客轮上不要大叫大嚷，不能将收录音机的音响开得太大。

(6) 在船上要注意船上的忌讳，谈话时不要谈及翻船、撞船之类的话题，也不要说“翻了”“沉了”之类的语言，吃鱼时忌讳说“翻过来”等语言。

(7) 客轮上扶梯较陡，上下扶梯时应相互谦让和照顾。

(8) 晕船呕吐时尽量进卫生间处理。

二、餐饮礼仪

餐饮礼仪是生活礼仪中的重要内容。随着时代的变迁和人类的进步，随着餐饮文化的不断发展和成熟，最终形成了具有各国、各民族、各地区特点的餐饮礼仪。本节主要介绍中西餐基本知识、中西餐的进餐礼仪等内容。

(一) 中餐礼仪

中餐礼仪是中国饮食文化的一个重要组成部分。据记载，中餐礼仪始于周公，经过千百年的演进，终于形成现今大家都能普遍接受的一套中餐礼仪体系。

中餐礼仪既是古代饮食礼制的继承和发展，也是现代社会交流和沟通的需要。

中餐礼仪包括进餐礼仪、宴请礼仪、赴宴礼仪等内容，这些内容不仅存在于上层社会的社交活动中，同时，也存在于民间的日常生活中。

1. 个人进餐礼仪

进餐是人们生活中不可缺少的个人活动。通常情况下，在工作时间，人们多在食堂或小餐馆进餐，有时也会在办公地点与同事们一起吃快餐；下班或假日，有条件的人都回家用餐。无论在哪里用餐，行为举止都要文雅和礼貌。

(1) 到食堂、餐馆进餐要遵循公共场合的礼仪。用餐者在食堂或餐馆用餐，首先，要懂得尊重服务人员。例如，使用餐盘的用餐者，餐后要主动将餐盘送回指定地点，不要吃完就走；使

用一次性餐盒的用餐者，用完后要将废弃餐盒放到指定地点。其次，到食堂用餐的用餐者应相互尊重，用餐人多时，要排队按顺序购买食品，相互谦让，不要拥挤。

（2）进餐时要有正确的坐姿。不论是在食堂、餐馆还是在家中吃饭，都应养成良好的坐姿习惯，不能出现趴在饭桌上、蹲在凳子或椅子上、一只脚跷在凳子或椅子上等姿势。

（3）用餐时不能乱吐残渣。进餐时，一般不能将进口的食物再吐出来，如有骨头、鱼刺、菜渣等需要处理时，不能乱吐，用餐者应将骨头等残渣放在食堂或餐馆提供的备用盘里。

（4）进餐时不能发出响声。无论是吃东西，还是喝汤或酒水饮料都要尽量做到不发出响声。进餐的良好习惯要从平时培养起。如果认为没有旁人在场可以无所谓的话，碰到社交场合也将很难控制自己进餐的行为习惯。

（5）进餐时不能狼吞虎咽。进餐要文雅，不能狼吞虎咽。特别是女士，每次进口的食物不宜过大，应小块、小口地吃，以食物进口后不会使自己嘴巴变形为原则。

（6）进餐时不要喝水，不要一口饭、一口水地用餐。这种习惯不仅对消化不好，影响身体健康，同时，吃相也不好，给人以狼吞虎咽的感觉。

（7）口中有食物时，勿张口说话。含着食物说话，食物容易从口中喷出。如适值旁人问话，可等口中食物咽下去后再回答。

2. 中餐宴请礼仪

中餐宴请，是我国社交中最普遍的交流方式。宴请的形式和内容很多，小到家宴，大到国宴。在宴请的过程中，主、客双方人员的修养和气质都能在进餐的整个过程中充分体现，因此，了解中餐宴请礼仪的知识，对每一个社会人都是很重要的。

（1）中餐宴请时的座次。座次是中餐礼仪中最重要的组成部分。在中餐礼仪中，座次有着一定的暗示作用，通过座位的分配，可暗示出各人在宴会上的名分和地位。

正式宴会一般都事先安排好座次，以便参加宴会者入席时井然有序。非正式的宴会不必提前安排座次，但通常就座也要有上下之分。安排座位时应考虑以下几点。

①以主人的位置为中心：如有女主人参加，则以主人和女主人为中心，以靠近主人者为上，依次排列。

②要把主宾和夫人安排在最主要的位置：通常是以右为上，即主人的右手是最主要的位置。离门最远的、面对着门的位置是上座。离门最近的、背对着门的位置是下座，上座的右边是第二号位，左边是第三号位，依次类推。

③在遵从礼宾次序的前提下，尽可能使相邻者便于交谈。

④主人方面的陪客应尽可能插在客人之间，以便与客人交谈，避免自己的人坐在一起。

较大规模的宴会，桌次是有讲究的，台下最前列的一桌、二桌一般都是主人和贵宾的。其他每一桌中都应有一位主人或招待人员负责照应，其两侧的座位一般是留给本桌上宾的，未经邀请不要贸然入座。

家宴中，首席为辈分最高的长者，末席为辈分最低者。家庭宴请，首席为地位最尊的客人，主人则居末席。圆桌正对大门的为主客，左手边依次为2席、4席、6席，右手边依次为3席、5席、7席，直至汇合。

（2）宴请主人的礼仪。

①主人应在门口迎接：宾客宴会开始前，作为主人，应将一切准备妥当，着装得体大方，保持一定的风度，站立于门前迎接宾客。主人应分别依次招呼每一位来宾，并安排固定人员为宾客引座。座次应按照宾客的职务和辈分的高低提前安排好，不可疏忽。大部分客人到齐后，除留1~2个人在门口接待外，主人应

回到宴会场招呼和应酬宾客。

②热情对待每一位宾客：宴请主人应以热诚的态度对待所有宾客，不可厚此薄彼。例如，如果你正和某客人应酬着，碰到另一些客人进来不能分身时，可先对原来的客人道歉，再抽身前去接待，千万不能因忙乱而怠慢了客人。一旦发觉有的来宾孤单无伴，就要找朋友为他们介绍认识，以免使客人感受到冷落。如请的客人较多，宴请主人应分坐到各桌间招呼客人。

③上菜前应为宾客先倒茶：在客人还没到齐前，应为先到的客人倒茶，或上一些瓜子之类的零食，不能上菜。特别要注意，每到一位客人，都应快速将茶倒上，不可有所怠慢。

④主人应主动为宾客敬酒：上菜后，主人应先向同桌的客人敬酒，说一些感谢光临的话，然后请客人“起筷”。在宾客较多的情况下，主人要亲自到每一桌去敬酒，并一一致意。

⑤主人应为宾客送行：席散后，主人应回到门口，等待客人离去，并一一握手送行。如是小型宴会，可让小辈送长辈和路远的客人一程，或给他们叫出租车，以示主人的情意。

⑥家庭宴请，主人应保持风度：如计划在家中宴请客人，首先应将房间打扫干净，并作适当布置，以体现出主人的文化修养和内涵。在家中宴请客人，一般都是女主人亲自下厨，但在入席前，女主人应换上得体的服装再陪客人一起用餐，不要穿着在厨房烹制菜肴的衣服就入席。男主人应在席间多应酬，还应适时地关照女主人，体现出男士的绅士风度，千万不能对女主人不管不顾。

(3) 赴宴者的礼仪。

①赴宴者的仪表礼仪：宴会是一种社交活动，赴宴者应注重自己的仪表和形象。在接到请柬时，应先了解清楚宴会的档次和内容，如是较高档次的宴会，男子就应穿得正式一些，如只是一般的应酬宴会，男子只需将自己打扮得整齐大方即可；而对于女

子来说，无论是什么档次的宴会，都应穿得漂亮和华丽一些，外加适当的化妆，使之显出女子的秀丽。不管是男子还是女子，参加宴会时都要保证身上没有异味。另外，要修饰头发和胡须。

②赴宴者的馈赠礼节：当收到一张请柬时，最好先看清楚宴请的性质（寿酒、喜酒还是孩子满月酒等），在决定赴宴后，要考虑“送礼”的问题。送礼的多少，可以看你和主人相交的感情深浅如何，感情深的，礼自然就要厚一些；感情浅的，礼便可以轻一点。送什么礼物要根据宴席的性质而定。公务宴请，一般不用赠送礼物。

③进入宴会场所时的礼节：赴宴者到了宴会地点时，见到主人首先要说一些祝贺或感谢的话。如一时未见到主人可先与相识的朋友交谈，或找座位静坐等候，千万不要到处窜着找主人。如看见主人在与其他客人交谈，可先示意让主人知道你的到来即可，不要勉强打断主人与他人的谈话。

④参加宴会不能迟到：参加宴会，切记不要迟到。迟到是对主人和先到宾客的不尊重。万一迟到了，在坐下之前，要先向所有在场的人微笑打招呼，同时，还要表示歉意。

⑤按主人安排的座次入席：赴宴者应按主人指定的座位入座。在没有特殊安排的情况下，可不必拘泥这一点，入座前切记要用手把椅子往后拉一点再坐下。男士应主动为同去的女士将椅子拉好，女士不必自己动手拉椅子。入席后要坐得端正，双腿靠拢两足平放在地上，不宜将大腿交叠，双手不可放在邻座的椅背上或桌上。

⑥用餐前的礼仪：菜未上桌时，不可玩弄餐具或频频起立离座，也不可给主人添麻烦。进餐前，服务员送上的第一道湿纸巾是擦手的，不要用它去擦脸；菜上桌后，要等主人招呼后才能动筷。

（4）进餐时的礼仪。

①席间不宜高谈阔论：进餐时，不宜高谈阔论；吃食物时尽可能将嘴巴闭合，不要发出声音。夹菜要文明，应等菜肴转到自己面前再动手；一次夹菜不可太多；用餐时动作要文雅，不要将菜、汤弄翻；喝汤时不要发出声响。

②使用水盂要文雅：上龙虾、水果等时，会送上一只水盂，这不是饮料，是洗手的。洗手时只能两手轮流沾湿指头，轻轻刷洗，不要将整只手放进去。

③不可对着餐桌打喷嚏：席间万一要打喷嚏、咳嗽，应马上掉头向后，拿餐巾或纸巾掩口。如果伤风咳嗽，最好不去赴宴会。

④主人致辞时应表示尊重：席间如有主人向宾客致辞，应停止进食，正坐恭听。主人致辞完毕应鼓掌致谢，这是对主人的尊重。在主人致辞时，千万不可交头接耳、左顾右盼或摆弄餐具。

⑤注意席间的礼节：席间夹菜时，筷子不可在碟中乱翻或不顾及他人，大吃、特吃自己爱吃的食品。进餐时，筷子和汤匙不能整段塞进嘴里。筷子夹菜送到牙齿，汤勺仅沾唇边即可。当菜掉到碟外后，只能将其夹来自己食用或放于残渣碟中，切记不可重放于原碟中。

⑥不要中途退席：最好不要中途离去。若万不得已要先离去，应向同桌人说声“对不起”，同时，还要郑重地向主人道歉。如有长辈在场，最好先后退两步再转身离去。

⑦注意剔牙时的举止：用牙签剔牙应用手或餐巾纸掩住嘴巴，不要将自己的牙床全露出来，这样有失雅观。

⑧宴会告辞礼仪：宴会完毕告辞时，应走到主人面前握手说一些感谢的话，话要简单、精练，千万别拉着主人的手说个没完，妨碍主人送客。

3. 中餐中的其他礼仪

中餐礼仪是中国传统文化的一个重要组成部分，内容非常丰富。除了上面所描述的以外，还有中餐餐具的使用礼仪、上菜礼仪、使用筷子的礼仪等。

（1）中餐餐具的摆放。中餐餐具主要包括杯、盘、碗、筷、匙等。在宴会上，水杯放在菜盘上方，酒杯放在右上，筷子与汤匙则放在专用的座子上（也可放在纸套中），公用的筷子和汤匙最好放在专用的座子上。酱油、醋等佐料一桌可放数份，每桌备有牙签盒。中餐宴会是允许吸烟的，因此，还要备有烟灰缸。如有外国朋友参加宴会，应准备刀叉，提供给不会使用筷子者使用。

（2）中餐的上菜顺序。中餐上菜顺序一般为先凉后热，先炒后烧，咸鲜清淡的先上，味浓味厚的后上，最后是甜品和水果。宴会上的桌数再多，每桌都要同时上菜。有一定档次的宴席，热菜中的主菜，例如燕窝、海参、鱼翅等应该先上，即档次较高的热菜先上。

（3）中餐中使用筷子的礼仪。使用筷子是中国人值得骄傲和推崇的科学发明。有位名人说："中国人早在春秋战国时代就发明了筷子。如此简单的两根木棍，却巧妙绝伦地应用了物理学上的杠杆原理。筷子是人类手指的延伸，手指能做到的事，它都能做，且不怕高热，不怕寒冷，真是高明极了。"

在长期的生活实践中，人们对筷子的使用形成了一些礼仪上的忌讳，用餐及安排宴会时要特别注意。

①忌敲筷：不管是在等待就餐还是在就餐中，任何时候都不能坐在餐桌边，拿筷子随意敲打。

②忌掷筷：在餐前发筷子时，要把筷子一双一双理顺，轻轻放在每一位就餐者面前，不能随手将筷子掷在桌上。用餐者用餐期间或用餐结束时，不能将筷子随意掷在桌上。

③忌叉筷：筷子不能两根交叉摆放，也不能相互颠倒摆放；筷子要放在碗边，不可放在碗上。

④忌插筷：在用餐中，如中途有事需暂时离开时，要将筷子轻轻搁放在桌上或餐碟边，不可将筷子插在饭碗中。

⑤忌挥筷：夹菜时，不能用筷子在菜盘里挥来挥去，上下乱翻；遇到旁人也夹菜时，要注意避让，谨防“筷子打架”。

⑥忌舞筷：在餐桌上说话时，不能拿着筷子在餐桌上乱舞；在请别人用菜时，不要把筷子戳到别人面前。

（二）西餐礼仪

总体来说，西餐礼仪与中餐礼仪有很大区别。对于现代人来说，应了解和掌握西餐的用餐礼仪。

1. 西餐入席礼仪

参加西餐宴会时男女宾客都应穿戴整齐、美观，特别是女性，应稍作化妆，让人感觉清新和高雅。入席时，同桌的男士应先照顾女士入席，等女士和长者坐定，再入座。无论男女入座时应由椅子的左方入座，离席时也应由椅子的左方退出。坐姿要端正，脚不可任意伸直和交叠，身体与餐桌间应保持一定距离。

2. 认识餐具及餐桌上物品的摆放

西餐餐桌上铺有桌布，并以美观、清爽为原则。按传统，正式的宴会用白色的桌布。

餐具主要包含银器、杯具和盘具等。其中，银器的摆放方法为：叉具放于左侧，刀具和匙放于右侧，用餐者应按上菜顺序，由外向里启用餐具。大多数西餐或西餐宴会上只饮一种酒，酒杯置于餐刀的正上方。在宴会中，酒杯的摆放不很严格，严格的是喝什么酒要用什么酒的杯具，所以，如有多种酒杯，则说明本次宴会中有多种酒。西餐中一般是喝凉水或冰水，而没有茶，所以，餐具中包括水杯。

在叉的左侧一般置有一白色托盘，当奶酪或菜送上后，用餐者可将盘挪到自己的正前方。

为了营造气氛，增添浪漫情趣，西餐餐桌上都放有小烛台。

一般来说，蜡烛越长，使用的烛台越矮。餐桌上都放有一套调味品，用来盛装胡椒粉、白糖、芥末粉、盐等。西餐餐桌上一般不摆放烟灰缸。

西餐餐桌上的餐巾可以折叠成各种形状，例如，“僧帽形”“三角形”“长方形”等。折好的餐巾可放在白托盘中。无论是正式宴会的大餐桌，还是一般的朋友会面的小餐桌。为了营造出一种浪漫的气氛，西餐桌上都放有短茎的鲜花。

3. 西餐餐具的使用方法

（1）以右手持刀。使用刀具时，应将刀把的顶端置于手掌中，用拇指抵住刀柄的一侧，食指按在刀柄背上，其余三指顺势弯曲，稍用力即可切割食品。食指不可触及或按在刀背上。刀除了可以用来切割食品外，还可以用来帮助将食品拨到叉上等。

（2）以左手持叉。与刀并用时，以左手持叉。持叉时，手应尽可能地握在叉柄的末端，叉柄依在中指上，中指以外部的无名指和小指做支撑，不要抓住整段叉柄。在不与刀并用时，叉齿可向上以铲的姿势取食品。与刀并用取食品时，正确的使用方法是：以右手持刀，左手持叉，叉齿向下，用叉固定食物，用刀切割。然后以左手用叉将食物送入口中。

（3）中止用餐时刀叉（匙）的摆放。如暂停用餐或用餐完毕，刀叉或刀匙应交叉置于盘中，并注意叉齿向上。

总之，西餐餐具很多，关键是掌握好刀叉的使用方法，其他餐具使用频率不高，如碰上不会使用时，可先看看别人怎样使用后再动手。

4. 吃西餐的礼仪

（1）西餐座次。西餐的餐桌为长方形。宴请客人，主人应安排座次。安排座次的基本原则是男女宾客相邻交叉而坐。例如，一边将女宾置中间，两边各为男宾；另一边则将男宾置中

间，两边各为女宾。这样每个人的左右对面都是异性，以便相互交谈。夫妇一般不安排坐在一起。

（2）餐巾的使用。入座后，待主人先摊开餐巾，客人方可使用餐巾。餐巾应放在双膝大腿上，切勿挂在领口或其他地方。餐巾除起到防止在席间弄脏衣服的作用外，还可用来擦嘴及手。如中途要离席，切忌将餐巾随意放在桌上，因为那是表示你不再回来了。

应将餐巾放在椅子上，用餐完毕后餐巾应大致叠好，放在桌上或托盘中，切忌乱扔。

（3）用餐时的礼节。用餐时要注意刀叉的取用顺序。刀叉的取用顺序是先用摆在餐桌最外侧的，吃一道菜，用一副刀叉，刀叉用毕应并排放在盘中央。当盘中食物需要推移时，可用刀推移。切忌转动盘子。

咀嚼食物时，要闭嘴，不要发出响声。喝汤时，汤匙由内向外舀出，每次舀汤不宜过多；喝汤时不要出声，也不要用汤匙搅汤和用口吹，切忌端起碗来喝汤。面包不能用口咬着吃，要用手撕成小片吃，切忌用刀子切割面包。

（4）西餐水果的吃法。美国人习惯用手拿着吃；欧洲人则习惯用水果刀切开，用叉子叉着吃。不管什么习惯，在正式宴会中，是不能用手拿着整个水果啃着吃的。吃完水果后，应先在洗手钵中刷洗手指再用餐巾擦干，不要直接用餐巾擦。

（5）进餐中的举止。在进餐过程中，餐具必须随时保持整齐；身体不能紧靠餐桌，或把胳膊放在餐桌上；不能随意脱下上衣、松开领带或把袖子挽起；如从大托盘中取菜，一定要用公用的叉子；手弄脏了不能用嘴去吸吮；敬酒以礼到为止，切忌劝酒、猜拳及吆喝；席间不宜抽烟。

（6）离席时的礼仪。用餐结束离席时，应等男、女主人表示离席后方可离席。离席时男子应帮助邻座的女士和长者拖拉椅子；离席时要向男女主人表示感谢。

第五节 农业经理人的商务交际

一、商务礼仪

正确地着装，如合身、得体、搭配适宜。

善意的问候，如握手、招手、鞠躬。

得体的举止，如起立、排队等。

顺畅的沟通，如倾听、赞美、眼神交流。

电话或写邮件的礼仪，如时机选择、自我介绍、简洁明了。

二、送礼的讲究

送礼有讲究。送给谁、送什么、怎么送都需要研究，绝不能瞎送、乱送、滥送。

做农业的，礼品最好以农产品为主，如有机大米、土鸡蛋、特色蔬菜、品牌葡萄……。

(一) 3个适宜

(1) 礼物轻重适宜。一般来讲，礼物太轻，意义不大，很容易让人误解为瞧不起他。但是，礼物太贵重，又会使接受礼物的人有受贿之嫌，特别是对地位、职位比较高的人，更应注意。礼物的轻重选择应以对方能够愉快地接受为尺度，争取做到少花钱多办事，多花钱办好事。

(2) 送礼间隔适宜。送礼过频过繁或间隔过长都不合适。送礼者可能手头宽裕，或求助心切，便经常大包小包地送上门去。有人以为这样大方，可以博得别人的好感，其实不然。如果受礼者是爱占小便宜的人，他当面会说你好话，背后说不定会妒忌你的大手大脚，说你坏话。正派的人虽不会说什么，但却可能

会怀疑你这样大方是为了达到什么目的而不再与你深交。

(3) 送礼时机适宜。一般来说，以选择重要节日、喜庆寿诞送礼为宜，送礼者既不显得突兀虚套，受礼者收着也心安理得，两全其美。

(二) 送礼风俗禁忌

送礼前应了解受礼人的身份、爱好、民族习惯，免得送礼送出麻烦来。例如，别人结婚时，不要送钟，因为“钟”与“终”谐音，让人觉得不吉利；对文化素养高的知识分子，你送去一幅蹩脚的字画就显得很没趣。

第五章　农业经理人的基本技能

第一节　农业经理人的经营管理能力

一、获取农产品信息

随着信息技术的迅猛发展，农产品市场信息对农产品产销影响巨大。因此，提高广大农产品生产者对市场信息的获取能力。满足其对市场信息的需求，可推动农产品市场营销。

农民朋友可以将自己所有的关于农产品、农业生产资料的供应、需求信息公布到相关媒体上，以期得到相应的货源或销售渠道，这就是信息发布。

常用的信息发布渠道包括报纸、杂志、广播、电视、网络等。

目前，权威高的网站有：全国农产品批发市场价格信息网、12316 农业综合信息服务平台、发发 28 农产品信息网（网址：http：//www.fafa28. tom/）、农享网（网址：http：//www. nx28. com/），这些网站都能免费注册发布供求信息，还可加入地方商圈、行业商圈，让你更快捷、更方便地做生意。

此外，一些更容易传播信息的发布手段如电子邮箱、QQ、聊天室、博客、微信、视频、网店等现代网络信息发布的形式，越来越受到消费者的欢迎。

二、学会市场营销管理

（一）农产品产销组织的类型与作用

1. 农民专业合作社

为了提高农产品市场竞争力，《农民专业合作社法》明确规定，农民专业合作社是在农村家庭承包经营基础上，同类农产品的生产经营者或者同类农业生产经营服务的提供者、利用者，自愿联合、民主管理的互助性组织。

农民专业合作社以其成员为主要服务对象，提供农业生产资料的购买，农产品的销售、加工、运输、贮藏以及与农业生产经营有关的技术、信息等服务。农民朋友可以通过加入合作社，解决买难卖难问题，降低农业生产成本，提高农产品的市场竞争力，增加收入。

2. 农产品行业协会

农产品行业协会属于农业中介组织的范畴，是生产、加工、销售农产品的市场主体为了维护和增加共同利益而在自愿基础上组建的不以营利为目的的组织。它是联系农民、农业企业、市场和政府的桥梁和纽带，具有民间性、服务性、准企业性和准政府性的特征。其主要职能：农产品行业协会，一方面，代表本行业与政府和立法机构处好关系，疏通会员与政府之间、会员与金融机构之间的渠道；另一方面，为会员提供业务指导、技术培训、市场咨询、经验交流、促进销售等多功能服务，尽心尽力地帮助会员单位解决在经营管理中的难题。提高会员农产品的销售业绩。

3. 农产品经纪人

农产品经纪人，是指专门从事农产品交易而收取佣金的组织或中间商人。其主要业务活动是为买方寻求卖方，为卖方寻求买方，通俗地讲就是为买卖双方牵线搭桥，促使供求双方完成交易的中介服务。他们一般不拥有农产品所有权，但由于我国农村市场经济发展的特殊性，有时也兼有农产品的集采和营销权。他们除了通过中介服务收取佣金外，还可以通过农产品购销差价，获得利益。但不得从买卖当事人的任何一方领取固定的薪金。

4. 农产品批发市场、产地市场和农业会展经济

（1）农产品批发市场。在我国，现有的农产品批发市场主要有以下几种。政府开办的农产品批发市场，这是指由地方政府与国家商务部共同出资，参照国外经验建立起来的农产品批发市场，如郑州市小麦批发市场。自发形成的农产品批发市场，这是指由民办而形成的农产品批发市场，一般是在城乡集贸市场的基础上发展起来的。产地批发市场，这是指在农产品产地形成的批发市场，一般都具有农产品的生产技术、土质、气候、光照、水源等良好条件，适于农产品生长，生产的区位优势和比较效益明显，产出的农产品不是靠当地市场消化，如山东省寿光蔬菜批发市场。销地批发市场，这是指在农产品销售地，农产品营销组织将集货再经批发环节，销往本地市场和零售商，以满足当地消费者的需求。

（2）产地市场。农产品在生产当地进行交易的买卖场所，又称农产品初级市场。农产品在产地市场聚集后，通过集散市场（批发环节）进入终点市场（城市零售环节）。我国农村集镇，大多就是农产品的产地市场。

产地市场大部分是在农村集贸市场的基础上发展而成的。在农村集贸市场上，商品从四周流入市场，同时，又从市场流向四周地区，但交易规模小，市场辐射面小，产品销售区域也小。随着经济的发展，人们的收入水平不断提高，特别是随着城市居民收入的不断增加，市场需求迅速上升。广大农民的生产积极性持续高涨，农产品产量急剧增大。在此情况下，一方面，是城市对农产品需求量增大，要求提高农产品的品质；另一方面，大量的

农产品急需寻找销路，解决农产品买难卖难、流通不畅的社会问题。为此，政府出面开办农产品产地批发市场。一般来说，农产品产地市场都附有农产品整理、分级、加工机构，将初级农产品进一步商品化以后输出。

（3）农业会展。农业会展是以农业和农产品贸易为主要内容，以会议、展览、展销、节庆活动等为主要形式，以一定的场馆设施和展示基地为基础，有各类市场经营主体和消费群体参加的经济文化活动。与一般会展活动相比，农业会展不仅具备引领现代农业、带动相关产业、拉动区域和会展城市经济社会全面发展的功能，还由于办展地域的广泛性和产品直接面向大众消费的特点，对拉动县域及农村经济的发展和满足城市消费者需求发挥着重要作用。农民朋友可利用这些渠道，根据自身需要，积极参加农业会展，为农产品找到更好的出路。

5. 农超对接

农超对接模式中最基本的模式就是“超市+农民专业合作社”模式。专业合作社和超市是“农超对接”的主体，专业合作社同当地的农民合作，来帮助超市采购产品。专业合作社是实施农超对接的一个基本条件，正是由于专业合作社和大型超市的发展才使得“农民直采”的采购模式得以发展。除此之外，农超对接还有以下几种模式。

（1）“超市+基地/自有农场”模式。这种模式是指导超市直接走到地头去寻找农产品，建立自己的基地。相比较“超市+农民专业合作社”模式的主要优点是超市有了自己的基地，货源的数量和质量都得到了保证。即大型的连锁超市直接和农产品的专业合作社对接，建立农产品直接采购基地，实现大型连锁超市与鲜活农产品产地的农民或专业合作社产销对接。

（2）“超市+龙头企业+小型合作社+大型消费单位/社区”模式。这种模式的一个重要中介是龙头企业，农民合作社，一方面组织农户进行规模化、标准化生产；另一方面又积极联络一些龙头企业，通过龙头企业对农产品进行加工、包装，把农产品的生产销售企业化，然后通过龙头企业和大型超市进行商量洽谈，最终把产品流转到消费者手中。

龙头企业成为超市和农户合作的一个重要纽带，这使得龙头企业和农户结成为一个利益的联合体。农民专业合作社成立的初衷就是把闲散的农户生产规模化，农民专业合作社的成立和农户有着密切的联系，农户对农民合作社比较熟悉、了解，所以，接受程度上也比较快。龙头企业通过超市拓宽了农产品的销售渠道，并且龙头企业无论是在经济实力还是管理经验上都要优于农民专业合作社，这样在农超对接的实施过程中可以更好地与超市进行合作，为农民争取更多的利益。龙头企业一般是实行企业化运行，有着自己的一套农产品的生产标准和管理经验，更容易建立自己的品牌。一些大型的连锁超市还可以针对这些龙头企业进行专门的培训，使得产品达到国际化标准，更具有竞争力。

"农超对接"通过与高校食堂、大型饭店、宾馆的信息共享和利益共享机制，相互了解生产与交易情况，建立合作关系。农民增收关键在营销，胜负在市场，找到了好的营销方式和消费市场才能获得高效益，在有资金基础和政策支持下发展扩大农民专业合作社组织规模，农户应提高认识，加入到农民合作社中来，为小型合作社增添新的力量，使其规模发展，为将来与更大的销售终端合作建立稳定的基础。

（3）"基地+配送中心+社区便利店"模式。这种模式主要是面对距离大型连锁超市比较远的一些消费者，以连锁社区便利店作为主导，通过建立农产品的配送中心，与农产品的生产基地或者和当地的农民合作社直接对接。这种模式流通速度特别快，农产品销售的质量和数量由配送中心进行统一管理。对于生鲜农产品构建加工物流一体化的物流中心，实现农产品的快速高效配

送，减少流通环节，延展农产品流通半径。

6. 社区直供

社区直供是介于“自种自销”和“农企对接”或“农超对接”的一种中间简单易物模式。它不经过任何中间商业媒介，操作模式类似于工业生产中的代工，即甲方下订单，乙方根据订单要求生产，产品由甲方收购。

（二）农产品营销的价格策略

价格是农产品市场营销中重要的要素，它以农产品价值为基础，同时受到市场供求和市场环境影响，往往变化较大。农民兄弟要了解影响农产品定价的因素，同时，要掌握一些实用的定价策略，做好农产品营销。

1. 影响农产品定价的因素

（1）成本因素。在农产品价格构成中，成本是定价的基础，俗话说“不做赔本的买卖”，我们首先将“本”弄清楚。

农产品成本是农产品生产与销售环节的总支出，它等于固定成本与变动成本之和。其中，固定成本是指农产品生产及营销过程中，相对于变动成本在一定时期和一定业务量范围内基本上不变的费用，如农业机械设备折旧、管理人员基本工资、保险费等；变动成本是指那些在一定范围内随着业务量的变动而发生变动的成本，如购买农药、化肥等生产资料的费用。如果将总成本分摊到每个农产品上，就构成单位农产品平均耗费成本，我们称为农产品单位成本。

（2）供求因素。确定农产品价格除了保本之外，还必须了解市场需求和供给情况。一般来讲，了解农产品成本是为了确定农产品价格底线；了解供求关系，则是为了给出农产品一个合理的市场价格以便营利。

①农产品需求：农产品需求是指消费者在既定的时间和地点，以适当的价格所购买的农产品的数量。从市场角度讲，这种

需求又可分为现实需求和潜在需求。一般来讲，农产品需求越大，其价格越高，正所谓“物以稀为贵”，但价格攀升又限制了需求进一步扩大，最终导致供求平衡，形成均衡价格；而需求下降，也会导致价格下降。

当然，影响需求的因素有很多。一般包括消费者偏好、消费者收入、该产品价格、替代品或互补品价格、消费者对该产品的价格预期等。

②农产品供给：农产品供给是指在一定时间、地点和市场价格下，市场可以销售的农产品数量。一般来讲，价格越高，意味着市场需求旺盛，有利可图，供给或愿意供给的数量就会越多；反之，价格越低，表示相对应的市场低迷，供给数量就越少。

另外，农产品供给受到气候等自然条件的影响比较明显，进而影响到农产品的季节性价格波动。

（3）竞争因素。除了农产品自身品质和市场供需关系外，市场竞争是影响农产品价格的关键性因素之一，特别是当农产品质量差不多时，价格竞争成为产品竞争的“利器”。例如，都是一级国光苹果，如果时间成本和路程成本可以忽略不计，那么谁的苹果单价便宜一些，消费者就愿买谁的，谁就可能赢得客户。

（4）政府价格管制。农产品价格关系到农产品生产、农产品供给、农产品原材料供给、农产品加工以及消费者的日常生活。具有稳定社会的意义。如果农产品涨价过高，会带来一系列经济和社会问题。会造成社会的不安定情绪，因此，农产品价格往往受到政府的管制。

我国《关于改进农产品价格管理的若干规定》中规定：农产品价格管理实行政府定价、政府指导价和市场调节价 3 种形式。政府定价是指政府有关部门（如价格主管部门）依照价格法规定，按照定价权限和范围制定的价格。往往涉及与国计民生关系重大、带有战略性质的农产品，如粮食、油料、棉花等大宗

农产品。政府指导价是指依照《价格法》规定，由政府价格主管部门或者其他有关部门，按照定价权限和范围规定基准价及其浮动幅度，指导经营者制定的价格。政府指导价的范围一般涉及重要农产品。市场调节价是指由经营者自主制定，通过市场竞争形成的价格，政府可以通过经营手段实施间接影响。

2. 实用定价策略

农产品生产经营者为其产品定出基本价格后，在营销过程中还需要根据市场的供求状况、交易条件、竞争对手情况等因素的变化，及时调整产品价格，掌握营销的主动权。

（1）价格折扣与折让。折扣即打折，是为了刺激或报答顾客的某些行为，如预先付款、批量购买、淡季购买等，营销者通常要对基本价格作适当的调整，实行折扣与折让价格，即让利给顾客。常见的折扣与折让方式如下。

①现金折扣：这种方式是对那些及时付清账款的购买者的一种价格折扣。有一种折扣方式称为“1/10，信用净期 20”，其意思是购买者应在 20 天内付清货款，但如果在交货后 10 天内提前付清的话，则可打 1% 的折扣。这种折扣不是对某固定的客户，而是保证给所有符合条件的客户。这样的折扣在许多行业已成惯例，有助于改善销售商品的现金周转，减少赊欠和坏账损失。

②数量折扣：这种方式是销售商因买方购买量大而给予的一种折扣。例如，购买 10 千克以内的苹果，每千克价格为 2 元；购买 10 千克以上，则每千克 1. 8 元。同样，数量折扣也必须是给全部的顾客，但是折扣额不能超过销售者大量销售所节省的销售、储存和运输等成本。数量折扣的好处是可激励顾客从自己手中购买更多的产品。

③季节折扣：这种方式是对在淡季购买产品的顾客降低价格，以维持均衡生产经营。

④功能折扣：又称贸易折扣，是生产者和加工商根据中间商

的不同类型和不同的分销渠道提供的不同服务给予不同的折扣。但是，生产、加工商必须在每一交易渠道中提供相同的功能折扣。

⑤折让：这种方式是根据价目表给顾客的价格折扣的另一种形式。这是卖方为了报答经销商支持销售活动所支付的款项或给予的价格折让。如在水果的营销中，卖方常给经销商一定的折让，以答谢这些经销商销售本公司水果所付出的劳动。

(2) 差别定价。差别定价是根据交易对象、交易时间、交易地点等的不同，对某一种产品制定出两种或两种以上不同的价格，以满足顾客的不同需要，从而达到扩大销售、增加收益的目的。差别定价法的形式主要如下。

①顾客不同，定价不同：这种方式是对不同的顾客采取不同的价格。如农业生态游，对本地居民和外地旅游者实行不同的门票价格；即使是本地旅游者，也有政府部门与非政府部门之分。这主要是因为政府部门经常会将所接待的客人带至生态旅游区，使客源稳定充足。

②种类不同，定价不同：这种定价方式是对不同花色样式的产品制定不同的价格。如同样的皮蛋，散装每枚0.35~0.45元；袋装并印上商标、厂址等简包装，每枚可卖到0.50~0.60元；4枚或8枚纸盒简包装，每枚可卖到0.60~0.70元；50枚精包装，可卖120~150元，每枚高达2.40~3.00元。

③形象不同，定价不同：有些生产经营者根据不同的形象给同一种产品定出不同的价格。例如，果汁生产商将其所生产的同种果汁装入不同造型的瓶子，分别给予命名，并制定不同的价格。

④部位不同，定价不同：这种定价方式是对产品的不同部分制定出不同的价格，即使这些部位成本是一样的。通常是根据消费者的喜好来定，往往消费者喜好比例高的部位定价高一些。如

鸡的翅膀、大腿、鸡胸、鸡头、鸡爪、鸡脖子，不同的部位其价格也不同。

⑤时间不同，定价不同：在这种定价方式下，不同季节、不同日期甚至在同一天的不同时间，同种产品可以有不同的价格。在鲜活农产品销售中，经常采用这种定价方式。如草莓定价，早上价格最贵，因为早上刚上市，外观、口感都好；晚上价格要便宜些，因为放了一天之后，口感下降，品相也变差，如不降价销售，有滞销的风险。

（3）促销定价。贪图便宜是许多消费者的一种潜在心理状态，“一个便宜，三个爱”。营销者抓住这种心理，常将要出售的产品以低价招来顾客。通常利用节假日和换季时节进行所谓的“优惠酬宾大减价”和“买一送一”活动。把部分产品按原价打折售出，以促进销售。促销定价常采用以下方法。

①牺牲品定价：超级市场和粮油副食商店以少数品种作为牺牲品，将其价格定低，以吸引顾客进店，并希望这些顾客在购买“牺牲品”的同时，也购买其他正常标价的商品。

②特别事件定价：销售者在某些特定的时间、场合、节日或社会活动日，将某些商品价格做较大幅度下调，以吸引大量的顾客。如在端午节，一些超市就将粽子降价销售。

（4）心理定价。心理定价就是在制定价格时，根据不同类型消费者的购买心理来制定价格。

如尾数定价，就是对产品的定价不取整数，保留或有意制造尾数，这是因为保留尾数可以降低一位数价格，给人一种“便宜”的心里感觉。如500克猪肉的价格定为9.9元，而不是10元。

再如习惯定价，对许多日用品，如大米、食用油，由于消费者经常购买，在一段时期内形成了一种习惯价格。销售这类商品宜按照习惯定价，不能频繁而又大幅度地变动价格，否则，会引起消费者的不满。

第二节 农业经理人的品牌建设能力

一、名牌农产品认定

（一）基本条件

1. 申请人需要具备的条件

（1）申请人要具有独立的企业法人或社团法人资格，法人注册地址在中国境内。

（2）有健全和有效运行的产品质量安全控制体系、环境保护体系，建立了产品质量追溯制度。

（3）按照标准化方式组织生产。

（4）有稳定的销售渠道和完善的售后服务。

（5）最近 3 年内无质量安全事故。

2. 申请“中国名牌农产品”称号的产品，需要具备的条件

（1）产品符合国家有关法律法规和产业政策的规定。

（2）在中国境内生产，有固定的生产基地，批量生产至少 3 年。

（3）在中国境内注册并归申请人所有的产品注册商标。

（4）符合国家标准、行业标准或国际标准。

（5）市场销售量、知名度居国内同类产品前列，在当地农业和农村经济中占有重要地位，消费者满意程度高。

（6）产品质量检验合格。

（7）食用农产品应获得“无公害农产品”“绿色食品”或者“有机食品”称号之一。

（8）开展过省级名牌认定的要求是省级名牌农产品，不是省级名牌农产品的，由省级农业行政主管部门出具本省未开展省

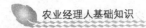

级名牌农产品认定工作的证明。

（二）认定程序

农业农村部成立中国名牌农产品推进委员会。负责组织领导中国名牌农产品评选认定工作，中国名牌农产品实行年度评审制度。

1. 申报范围

种植业类、畜牧业类、渔业类初级产品。

2. 申报材料

（1）《中国名牌农产品申请表》。

（2）申请人营业执照和注册商标复印件。

（3）农业农村部授权的检测机构或其他通过国家计量认证的检测机构按照国家或行业等标准对申报产品出具的有效质量检验报告原件。

（4）采用标准的复印件。

（5）申请产品获得专利的提供产品专利证书复印件及地级市以上知识产权部门对申请人知识产权有效性的意见。

（6）申请产品获得科技成果奖的，提供省级以上（含省级）政府或科技行政主管部门的科技成果获奖证书复印件。

（7）申请人获得产品认证的，提供相关证书复印件。

（8）由当地税务部门提供的税收证明复印件。

（9）其他相关证书、证明复印件。

3. 申报程序

符合条件的申请人向所在省（自治区、直辖市及计划单列市）农业行政主管部门，提交一式两份《中国名牌农产品申请表》和其他申报材料的纸质件。各省（自治区、直辖市及计划单列市）农业行政主管部门负责申报材料真实性、完整性的审查。符合条件的，签署推荐意见，报送名推委办公室。凡是没有省（自治区、直辖市及计划单列市）农业行政主管部门推荐意见的申报材料，不予受理。

中国名牌农产品推进委员会（以下简称名推委）办公室组织评审委员会对申报材料进行评审，形成推荐名单和评审意见，上报名推委。名推委召开全体会议，审查推荐名单和评审意见，形成当年度的中国名牌农产品拟认定名单，并通过新闻媒体向社会公示，广泛征求意见。名推委全体委员会议审查公示结果，审核认定当年度的中国名牌农产品名单。对已认定的中国名牌农产品，由农业农村部授予“中国名牌农产品”称号，颁发《中国名牌农产品证书》，并向社会公告。

（三）监督管理

1. 中国名牌农产品有效期管理规定

“中国名牌农产品”称号的有效期为 3 年。在有效期内，《中国名牌农产品证书》持有人应当在规定的范围内使用“中国名牌农产品”标志。

对获得“中国名牌农产品”称号的产品实行质量监测制度。获证申请人每年应当向名推委办公室提交由获得国家级计量认证资质的检测机构出具的产品质量检验报告。名推委对中国名牌农产品进行不定期抽检。

2. 中国名牌农产品撤销管理规定

《中国名牌农产品证书》持有人有下列情形之一的，撤销其“中国名牌农产品”称号，注销其《中国名牌农产品证书》，并在 3 年内不再受理其申请。

(1) 有弄虚作假行为的。

(2) 转让、买卖、出租或者出借中国名牌农产品证书和标志的。

(3) 扩大“中国名牌农产品”称号和标志使用范围的。

(4) 产品质量抽查不合格的，消费者反映强烈，造成不良后果的。

(5) 发生重大农产品质量安全事故，生产经营出现重大问题的。

(6) 有严重违反法律法规行为的。

未获得或被撤销“中国名牌农产品”称号的农产品，不得使用“中国名牌农产品”称号与标志。

从事中国名牌农产品评选认定工作的相关人员，应当严格按照有关规定和程序进行评选认定工作，保守申请人的商业和技术秘密，保护申请人的知识产权。

二、ISO 9000、HACCP 和 GAP 认证

近年来，随着国际市场竞争的日趋激烈，质量认证已被越来越多的国家所重视和采用。经过质量认证的产品，不但提高了消费者购买产品时的安全感，也在对外合作中提高了与合作伙伴的信任度。国际标准化组织（International Organization for Standardization，ISO）于 1987 年发布了 ISO 9000 国际标准，将产品质量以最终检验与试验的最终把关转化为对产品全过程加以管理和实施监督。ISO 9000 标准的贯彻推行及其认证的发展，为企业或组织在提高质量管理水平和质量保证能力、减少企业经营成本，降低经营风险、消除贸易技术壁垒等方面作出了积极的贡献。

HACCP（危害分析和关键点控制）是一种科学、简便、实用的预防性食品安全质量控制体系。它的实施相容于 ISO 9000 质量管理体系，是在质量管理体系下管理食品安全的一种系统方法。HACCP 作为一个完整的预防性食品安全质量控制体系，是建立在良好生产规范（GMP）和卫生标准操作程序（SSOP）的基础上的。HACCP 的实施在很大程度上可提高产品质量，延长货架期，使管理水平出现质的飞跃。它是目前世界上极为关注的一种食品卫生监督管理方式，联合国食品标准委员会也推荐 HACCP 制度为食品有关的世界性指导纲要。这是保证食品、保

健品安全与卫生得到有效控制的管理体系标准，适合于不同规模和类型的食品、保健品的生产、加工、储存、运输的销售商和企业。

1997年欧洲零售商农产品工作组（EUREP）在零售商的倡导下提出了“良好农业操作规范（Good Agricultural Practices，GAP）”，简称EUREPGAP；2001年，EUREP秘书处首次将EUREPGAP标准对外公开发布。EUREPGAP标准主要针对初级农产品生产的种植业和养殖业，分别制定和执行各自的操作规范，鼓励减少农用化学品和药品的使用，关注动物福利、环境保护、工人的健康、安全和福利，保证初级农产品生产安全的一套规范体系。它是以危害预防（HACCP）、良好卫生规范、可持续发展农业和持续改良农场体系为基础，避免在农产品生产过程中受到外来物质的严重污染和危害。该标准主要涉及大田作物种植、水果和蔬菜种植、畜禽养殖、畜禽公路运输等农业产业。

三、品牌建设

农产品是人类赖以生存的主要商品，也是质量隐蔽性很强的商品，需要利用品牌进行产品质量特征的集中表达和保护。农产品品牌战略是通过品牌实力的积累，塑造良好的品牌形象，从而建立顾客忠诚度，形成品牌优势，再通过品牌优势的维持与强化，最终实现创立农产品品牌与发展品牌。

1. 农产品品牌形成的基础

（1）品种不同。不同的农产品品种，其品质有很大差异，主要表现在营养、色泽、风味、香气、外观和口感上。这些直接影响消费者的需求偏好。品种间这种差异越大，就越容易使品种以品牌的形式进入市场并得到消费者认可。

（2）生产区域不同。“橘生淮南则为橘，生于淮北则为枳。”许多农产品即使种类相同，其产地不同也会形成不同特色，因为

农产品的生产有最佳的区域。不同区域的地理环境、土质、温湿度、日照、土壤、气候、灌溉水质等条件的差异，都直接影响农产品品质的形成。

(3) 生产方式不同。不同农产品的来源和生产方式也影响农产品的品质。野生动物和人工饲养的动物在品质、营养、口味等方面就有很大的差异；自然放养和圈养的品质差别也很大：灌溉、修剪、嫁接、生物激素等的应用，也会造成农产品品质的差异。采用有机农业方式生产的农产品品质比较好，而采用无机农业生产方式生产的农产品品质较差。

2. 农产品品牌建设

农产品品牌建设是一项系统工程，一般要注重以下几个方面。

(1) 农产品品牌建设内容主要包括质量满意度、价格适中度、信誉联想度和产品知名度等。质量满意度主要包括质量标志、集体标志、外观形象和口感等要素。价格适中度主要包括定价适中度、调价适中度等。信誉联想度指标包括信用度、联想度、企业责任感、企业家形象等要素。产品知名度则体现为提及知名度、未提及知名度、市场占有率等。

(2) 农产品品牌建设是一个长期、全方位努力的过程，一般包括规划、创立、培育和扩张4个环节。品牌规划主要是通过经营环境的分析，确定产品选择，明确目标市场和品牌定位，制定品牌建设目标。品牌创立主要包括品牌识别系统设计、品牌注册、品牌产品上市和品牌文化内涵的确定等。品牌培育主要内容包括质量满意度、价格适中度、信誉联想度和产品知名度的提升。品牌扩张包括品牌保护、品牌延伸、品牌连锁经营和品牌国际化等。

四、注册商标

现代社会，商标信誉是吸引消费者的重要因素。随着农产品市场化程度的不断提高，农产品之间的竞争日益激烈，注册商标是农产品顺利走向市场的必经途径之一。

1. 商标是农产品的"身份证"

商标是识别某商品、服务或与其相关具体个人或企业的显著标志。商标经过注册，受法律保护。对于农产品来说，商标可以用于区别来源和品质，是农产品生产经营者参与竞争、开拓市场的重要工具，同时，也承载了农业生产经营管理、员工素质、商业信誉等，体现了农产品的综合素质。商标还起着广告的作用，也是一种可以留传后世永续存在的重要无形资产，可以进行转让、继承，作为财产投资、抵押等。

2. 农产品商标注册程序

《农业法》第四十九条规定：国家保护植物新品种、农产品地理标志等知识产权。《商标法》第三条规定：经商标局核准注册的商标为注册商标，包括商品商标、服务商标和集体商标、证明商标；商标注册人享有商标专用权，受法律保护。商标如果不注册，使用人就没有专用权，就难以禁止他人使用。因此，在农产品上使用的商标要获得法律保护，应进行商标注册。

商标法规定：自然人、法人或者其他组织可以申请商标注册。因此，农村承包经营户、个体工商户均可以以自己的名义申请商标注册。申请注册的商标应当具有显著性，不得违反商标法的规定，并不得与他人在先的权利相冲突。

申请文件准备齐全后，即可送交申请人所在地的县级以上工商行政管理局，由其向国家工商行政管理总局商标局核转，也可委托商标代理机构办理商标注册申请手续。

3. 农产品注册商标权益保护

商标注册后，注册人享有专用权，他人未经许可不得使用，否则，构成侵权，将受到法律的惩罚。商标侵权行为是指行为人未经商标所有人同意，擅自使用与注册商标相同或近似的标志，或者干涉、妨碍商标所有人使用注册商标、损害商标权人商标专用权的行为。侵权人通常需承担停止侵权的责任，明知或应知是侵权的行为人还要承担赔偿的责任。情节严重的，还要承担刑事责任。

判断是否构成商标侵权，不仅要比较相关商标在字形、读音、含义等构成要素上的近似性，还要考虑其近似是否达到足以造成市场混淆的程度。

当确认商标被侵权时，按照我国商标法的规定，商标注册人或者利害关系人可以向人民法院起诉，也可以请求工商行政管理部门处理。

第三节　农业经理人的工作技巧

一、做好现代农业要把握好一个中心：聚焦

产品聚焦、市场聚焦、投入聚焦，是任何企业任何阶段成功的基本原则。这不是能力问题，这是消费者接受习惯和市场运作规律决定的。可是，多数新型农业主体，对这个原则和规律领会不够，丝瓜、西葫芦、番茄……什么都种，一下子生产和推销众多产品。结果，产品多而不精，企业散而不强。产品越多，企业越小；企业越小，推出的产品越多。

知名品牌的成功都是聚焦的成功，世界500强企业中，单项产品销售额占总销售额95%以上的140家，占500强总数的28%；主导产品销售额占总销售额70%～95%的194家，占

38.8%；相关产品销售额占总销售额70%的146家，占29.2%；而无关联多元化的企业则是凤毛麟角。

可见，正确的做法是聚焦、聚焦、再聚焦，通过聚焦战略性明星产品、聚焦市场，建立地位、突破对手、收获利润和塑造品牌，之后才有机会进一步扩张。

二、做好现代农业的两个抓手：基地和品牌

中国农业的最大问题是产前和产后，产前市场信息、政策导向、项目选择、成本核算，产后保鲜加工、市场营销。

中国农业局限在了风险大、脏累苦、没有市场地位、赚钱少的种养环节，在最赚钱的产业两端重视不够、投入不多、研发不足、方法不多、实践不深。

抓手一：基地

基地是产业的基础，是新型农业经营主体市场发力、品牌创建的基础。做现代农业不能只顾眼前，要有产业眼界，要夯实产业的基础——基地。

产业基础包括如下。

（1）种养基地的整合、扩大和规范化、科学化管理。

（2）产地产品、地理标志产品、绿色有机认证的申报；独家特色品种的申报、相关奖项的评选。

（3）对省和国家顶级科研单位技术力量的整合借势。

（4）对国家和地方政府相关政策、项目或者资金支持的争取。

（5）对品牌和商标乱局的清理整治。

在基地建设、夯实产业基础的过程中，农业企业对产业资源的整合能力，对大规模生产的组织能力都将获得大的提升。先做产业再做市场，是农业产业特有的发展规律。

抓手二：品牌

一直以来，做品牌是我国农业的短板之一，地方土特产经营者苦于找不到方法。

很多农业企业、农场、合作社只有原生态初级产品，只能以原料的形态低价出售。新型农业经营主体不知道如何才能让产品增值，不知道什么产品才是市场需要的，继而盲目开发产品；还有的重硬件投入，轻工作方法，结果设备到位了，市场也饱和了；还有的看不到市场机会，有很多水果品种、特色食品、地方特产群龙无首，处在无品牌和高质低价状态。

农业经理人要把精力和工作重点从产业的前端（要钱、要政策、建厂房、搞生产），向产业的后端（产品增值、市场营销、品牌创建）转移，让农产品从农场进入工厂，从工厂进入市场，从市场进入千家万户的厨房，彻底实现农产品的增值化、市场化和品牌化，引领企业步入自身造血、快速健康发展的轨道。

新型农业经营主体必须掌握市场营销和品牌塑造的路径与方法。要在实践中学习，向书本学习，向国外先进的农业企业借鉴，在与农业咨询公司合作中学习！

三、做好现代农业的 3 个策略：品牌、市场和互联网

1. 品牌策略

做品牌：是做现代农业的重要抓手，因为品牌是超越传统农业、开拓市场的利器，是企业积蓄与释放能量、实现可持续发展的源泉。

做品牌：要对品牌名称、品牌价值、品牌核心形象、品牌故事等大胆创新，缜密策划。这些无形的东西随着产品走向市场，在产品销售的过程中，无形变有形，市场声誉会聚集在品牌上，品牌变得强大起来，之后，品牌就会帮助产品开拓市场和稳固市场。在消费升级和同质化严重的农产品市场上，做品牌是必备的

硬功夫！

2. 市场策略

一是做升级的市场。在市场策略上，从品牌到渠道再到目标消费人群，都要向高走，低端市场不缺少产品。工商资本进入现代农业产业，其目的就是要升级农产品消费市场。

在现代农业中，对农产品进行加工和做自身品牌，就是提升产品的价值，提高与同类产品的差异，使企业具有更强的溢价能力。因此，所有的市场策略应放弃自然状态的市场，一定要向上走，使产业升级、消费升级，在高溢价市场中盈利。

二是传统渠道要紧抓，新兴渠道要抓紧。渠道本来是个常规性的工作。可是由于原来传统农业太过分散，产品的渠道既分散又单一，新晋农业产业的企业甚至根本没有渠道，与现代食品加工业和现代商业严重不匹配。因此，在市场策略上要高度重视渠道策略。传统渠道要紧抓，新兴渠道要抓紧。

传统渠道是指传统大流通及商超渠道。新兴渠道主要指电商渠道。传统渠道至今仍是农业和食品企业的依托。这个渠道要紧抓不放，不可或缺，这是新兴渠道所不能替代的。同时，对于新兴的电商渠道，包括利用平台电商开店，或者由垂直电商包销，不可忽视。电商代表未来发展趋势，具有低成本、大跨度的信息和物流传输，这是传统渠道无法比拟的优势。因此，这个战略机遇必须抓紧，必须抢占。

未来市场，传统渠道与新兴渠道完全不矛盾，也没有对错优劣之分。O2O 概念的火爆，说明了互联网也好，电商也罢，全是手段，替代不了实物商品的体验、流通和消费。

3. 互联网思维策略

在（移动）互联网、大数据、云计算等科技发展的推动下，企业对市场、对用户、对产品、对企业价值链乃至对整个商业生态的认识和工作方法，也必须发生改变。

互联网思维和传统思维最大的不同主要有两点：一是零距离；二是网络化。

零距离：在没有互联网之前，企业和用户之间是有距离的，信息是不对称的，企业是中心，营销就是企业对用户发布编制好的信息。用户，只是被动接受企业发布的信息，用户是上帝也只是说用户的选择多，但是还是被动接受。互联网时代不一样，互联网时代“我”是主动的，在设计阶段可能用户就参与进来了，像小米手机，用户参与进来后，带来了很多设计理念，才有了最终设计。新机型是用户说了算。

网络化：零距离是怎么来的呢，这就是网络化。网络化说到底就是没有了边界，传播无边界、销售无边界、生产无边界。在移动互联网时代，我们的生存取决于用户指尖的移动：他指尖移动到你，你就可能胜；移动不到你，你就不可能胜。原来的市场竞争取决于地段，谁在一个好的地段这个产品可能就卖出去了；到了互联网时代就是流量，谁吸引的顾客多，谁的流量大，谁就有可能占先机。

因此，为了迎接移动互联网时代，我们一定不能留恋曾经具有优势的东西，抓紧建立互联网思维，迎接互联网挑战。

第六章　农业经理人典型案例

第一节　“白领”农民

农业经理人是指受聘于农民合作社或农业企业，在为其谋求经济效益的同时，获得佣金或红利的农业技能人才。农业经理人要根据市场行情和价格走势，做好销售渠道、风险分析等一系列规划，帮助合作社适应市场，实现利益最大化。

在四川省崇州道明镇的不少村民眼中，谢娇是一个能干的女娃子。出生在农村、父亲是农民的谢娇，女承父业，先后从事农业经理人、林业职业经理人职业，不仅自己有着不菲的收入，还带动周边农户发展现代农林产业。

2011 年，大学毕业的谢娇在成都找到了一份不错的工作，在一家公司做出纳。然而，看到父亲带头成立的农业合作社规模不断壮大，却力不从心，她动了帮助父亲的念头。2013 年，谢娇决定回乡投身农业。刚回乡时，村民们可不这么想，“其他年轻人都往外跑，一个大学生回来干吗？”

“农业经理人最早在崇州出现，父亲是第一代从业者。”从没干过农活，想要圆梦并不容易，谢娇把目标定在了当一名农业经理人上。为此，她参加了成都市农委组织的农业经理人培训班。经过努力，取得了职业经理人资格证书。2014 年 7 月，她注册成立崇州市童桥家庭农场，开展粮油及水产种养、销售，并成为合作社的农业经理人。

农业经理人是指受聘于农民合作社或农业企业，在为其谋求经济效益的同时，从中获得佣金或红利的农业技能人才。在谢娇看来，这是在土地流转扩大、农业规模经营情况下催生的一个新职业。农业经理人要根据市场行情和价格走势，做好生产资料、销售渠道、风险分析、产品定位等一系列的规划，帮助合作社适应市场，实现利益最大化。他们是新型职业农民队伍中的"白领"，在农业经营管理中发挥着重要作用。

农业经理人必须要通过培训，参加考试选拔，获得相应的资格证书才能在竞争上岗中被聘用。"政府对职业经理人有特殊的扶持政策。我在拿到职业经理人证书上岗半年后，就可以领10 000元的创业基金，还可以凭中级职业经理人证书，在银行享受20万元的信用贷款。"谢娇说。

大学生务农有何不同？"老一辈种田用的是祖辈留下来的生产经验。但作为农业经理人，我必须在农业生产中加入新的经营理念。"谢娇用新观念经营农场，不仅注重成本核算，还创新开展稻田综合种养。从2015年开始，她在农场实行"稻+鱼""稻+虾"立体种养。第二年，每亩效益提高了近5倍。

农业经理人成功之后，谢娇的注意力转到了家乡的山林上，还当起了林业职业经理人。如今，在四川省崇州道明镇斜阳村的季崧林地股份合作社，人们可以看到成片的杉木林一改往日的荒凉，林下一垄垄翻新的泥土留下了精耕细作的痕迹，一片片新栽植的白芨、金钟花、金线莲长势喜人，林间还搭起了漂亮的接待站。

该合作社是成都首批林业共营制合作社之一，对林业职业经理人的需求也随之而来。2016年7月，斜阳村8组、9组、10组106户林农，以1 100多亩林地经营权折资折股，成立季崧林地股份合作社，以公开竞聘的方式聘请谢娇为林业职业经理人。

职业经理人的收入是怎样的呢？在分配模式上，谢娇与林农们商量每年每亩 100 元保底，剩余利润按照 1∶2∶7 的比例分配。在确保林农保底分红的前提下，合作社纯收益的 10%留作公积金，20%给林农二次分红，70%为职业经理人的佣金。如今，这已成为当地的通用模式。2017 年 8 月下旬，季崧林业合作社给林农们首次分红。这次分红的收益来自一些速生药材，合作社 106 户社员保底分配 10 万元、二次分红 3.56 万元、合作社务工工资收入 30 余万元，社员实现户均增收 4 100 元。

现在，谢娇已拿到了林业职业经理人高级资格证书。在她的带领下，合作社发展林下经济，已栽植各类中草药 500 多亩。她表示，合作社还将通过种植景观带发展林业生态旅游，打造林产品品牌。随着药材生产周期完成，3 年后就可以让社员有更满意的收入。

第二节　做开心田园，当开心农业经理人

张绍发于 2007 年成立蔬菜专业合作社。初见张绍发的印象是一位言语不多，穿着朴素，说话声音不大，态度诚恳，沉稳温和的中年男性。他原先是一位农资销售人员，在 2007 年异想天开成立蔬菜专业合作社，正式成为一名农业经理人，那时大家都不看好他，也没人相信他的新模式、新经营理念。但是，时间证明了他的选择是正确的，该社于 2010 年被评为四川省示范农民专业合作社，2013 年被确定为国家级示范农民合作社。迄今为止此蔬菜专业合作社面积达 180 多亩，联络消费者将近 5 000 户，预计 2019 年新增 3 个农园基地，该合作社是一个融有机蔬菜定制生产、直销配送、体验观光、亲子教育、休闲娱乐为一体的综合性农场，也是一个链接城市、活化乡村，沟通企业、合作社、农户、创业者和消费者的互动共享平台。围绕创品牌、坚持绿色生产、健康消费的理念，张绍发的蔬菜专业合作社现已成为一个

高品质的田园旅游品牌。他本人被评为四川省成都市劳动模范、温江区鱼凫英才，获得四川省首届农村乡土人才创新创业大赛银奖、成都市十佳农业经理人等荣誉。

张绍发的蔬菜专业合作社首创土地流转、农户零出资变股东模式，为农户带来持续增收。普通农户将土地流转给合作社，成为合作社一员，主要收益来源有 3 种，第一种是土地分红，农户参与合作社利润的 30%分红；第二种是土地租金收益，农户流转租金是一年 2 900 元/亩；第三种是返租用工的收益，返租用工收益是每亩地 8 000 元/年，按月发放。同时，田间地头的优秀者每年有不菲的绩效奖励，细算下来农户每年每亩净收入达 1.2 万元。这种模式可以为周边农民提供就业机会，增加农民收入。合作社是一个合作共享平台，农户可以在平台之上积极创业增收。

2018 年此蔬菜专业合作社主要创建的创业增收项目是“共享厨房”。“共享厨房”基于乡村旅游，农家乐，蔬菜采摘体验区上新增的项目。游客可以在农园亲自采摘蔬菜水果，直接在共享厨房烹制原生态绿色农产品，充分享受乡村生活的乐趣，体验诗意盎然的田园生活。

第三节　农业经理人为企业注入了动力

魏晓明是一个来自吉林在武汉打拼的外乡人。2003 年他白手起家，艰苦创业，虽然小有成就，但始终是不温不火。2009 年开始从事农业生产，与几位志同道合的农民一起组建了黑冰专业合作社，因为没有系统的企业管理知识和创新观念，合作社举步维艰。2010 年他参加了农业经理人培训，经过系统的学习，魏晓明收获颇丰。他开始在农业经营主体中实行规划管理，加大新产品培育，规范生产流程，拓宽产品销售渠道，硬是将一个快要倒闭的合作社打造成了国家级示范社。魏晓明带领团队深入科研，不断进取，先后培育出黑冰无籽西瓜、黑冰A8红菜苔、黑冰梦甜玉米、黑冰甜王西瓜等特色品种，累计推广面积超过31万亩，间接为农户增收3亿多元，个人拥有专利15项。2009年，他还联合几位农业经理人一起组建了全国第一个高素质农民协会，开创了湖北省高素质农民节，为灾区农民募集种子及资金。2017年12月，被评为全国农业劳模。

第四节　依靠专业知识，开启合作社新征程

王建兵，武汉某生态农业专业合作社理事长，20多年来一直从事农产品的栽培、种植和农技推广应用工作。作为理事长，职业CEO，他首先从农业生产和销售这个环节入手，针对农业生产的季节性和多变性，产品的销售和市场的信息沟通匹配等问题，突破原有传统模式局限，尝试建立农业企业数字化管理新模式。新模式不仅优化了农业企业本身的管理，推动企业组织工作的协同和经验的分享，实现信息的快速传达，而且通过业务流程和业务行为的在线化，实现企业的大数据决策分析，打通企业和组织的上下游信息通道，实现组织在线、沟通在线、协同在线、业务在线，实现降低成本，提升生产、销售效率。从过去简单的管理模式和线下销售，转换为数字化管理和线上线下销售，开启了合作社新的局面，合作社效益得到了较大提高。

第五节　农业经理人让他获得了重生

对于李明刚来说，他的人生起伏就像过山车一样，从一个回乡创业失败变得萎靡不振失去动力的人，变成了一名朝气蓬勃的、自信满满的、充满活力的成功人士，这一切都源自他接触到

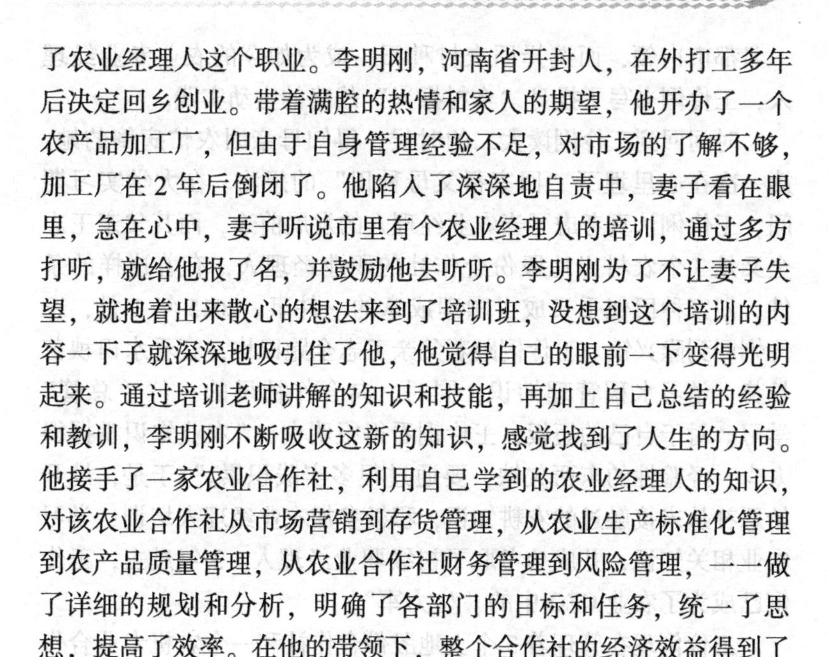

了农业经理人这个职业。李明刚，河南省开封人，在外打工多年后决定回乡创业。带着满腔的热情和家人的期望，他开办了一个农产品加工厂，但由于自身管理经验不足，对市场的了解不够，加工厂在 2 年后倒闭了。他陷入了深深地自责中，妻子看在眼里，急在心中，妻子听说市里有个农业经理人的培训，通过多方打听，就给他报了名，并鼓励他去听听。李明刚为了不让妻子失望，就抱着出来散心的想法来到了培训班，没想到这个培训的内容一下子就深深地吸引住了他，他觉得自己的眼前一下变得光明起来。通过培训老师讲解的知识和技能，再加上自己总结的经验和教训，李明刚不断吸收这新的知识，感觉找到了人生的方向。他接手了一家农业合作社，利用自己学到的农业经理人的知识，对该农业合作社从市场营销到存货管理，从农业生产标准化管理到农产品质量管理，从农业合作社财务管理到风险管理，一一做了详细的规划和分析，明确了各部门的目标和任务，统一了思想，提高了效率。在他的带领下，整个合作社的经济效益得到了明显的提高，原来涣散的合作社慢慢有了凝聚力。李明刚在这个岗位上重获了自信和活力。家人对他的变化尤为高兴，妻子见人就说，是农业经理人这个职业让自己的丈夫重获了新生。

第六节 “90 后”都市女白领回乡投身“乡村振兴”大有可为

口袋里掏出一根皮筋圈，理了理头发，卷起裤腿、穿起雨鞋，连别人递上的草帽都来不及接，昨日 14:00 刚过，当记者在崇州市隆兴镇顺江村见到“90 后”农业经理人王伶俐时，她正忙着在田坎里和村民交流，“这个要这么弄，水泥一定要弄平整了！”一边说，王伶俐一边自己上手示范了起来……这已成了她日常生活的一部分。一个标准的“90 后”女大学生，放弃成为一名都市白领，而选择回农村种田，成为如今的农业专业经理人，王伶俐书写了投身"乡村振兴"战略的生动实践。

时间回到王伶俐读大二的时候，得知母亲因农忙病倒的她，第一次在心里埋下"回家帮父母种田"的想法。在大学实习期间，王伶俐认真考虑了当农业经理人的发展前途，而其父亲王志全又是3个农村土地股份合作社的职业经理人，有着这样的条件，回家种田似乎又成了顺理成章的一件事。2015年1月，王伶俐回到隆兴镇。王伶俐跟着父亲王志全跑田坎，察看水田秧苗长势，学习水稻管理知识，同时，向合作社里的一位"总管"学习。对于自己的短板，王伶俐看得很明白，"农业知识掌握得太少，经验性的东西欠缺，要通过很多实践积累。"于是，她开始恶补从未接触过的农耕知识，积极参加农业经理人培训、学习农业相关知识，并成功考取了初级职业经理人。3年过去，王伶俐已成为了农业CEO中的"生力军"。

王伶俐现在管理着3个土地股份合作社和一个农机专业合作社，包括崇州市杨柳农民专业合作社，崇州市隆兴志全土地股份合作社，崇州市石马土地股份合作社和崇州市志全农机专业合作社。管理1 000多户农户，3 000多亩田，带动老乡致富，让良田变鱼米之乡成了王伶俐最大的目标。王伶俐说："农业经理人就是要做好每一次决策。"未来，她计划将顺江村建设一个集旅游、度假、观光、采摘和垂钓为一体的度假村。为此，她和父亲注册了QS认证，并设计了包装，注册了王志全产品商标，杨柳土地股份合作社基地也被命名为崇州市巾帼科技示范基地。"'乡村振兴'战略的提出，更让我们对农村大有可为充满信心，未来还要上马稻田养殖小龙虾，发展休闲垂钓。"王伶俐说。

第七节　用新理念传承古老农耕文明

一场春雨过后，湖南省浏阳市永安镇芦塘村盘古合作社田园综合体“童话湾里”功能区，空气湿润、鲜花盛开。盘古合作社农业经理人于建起正在和农民们一起查看菜苗长势、讨论田园综合体建设方案。

就在几年前，于建起还是一个戴着安全帽，穿梭在长沙各建筑中的项目经理。如今，他却成为一个常年走在田埂上的农业经理人。

在外求学就业的经历，让于建起对农业农村的发展有了更开阔的视野。2018 年是农业农村部提出的农业质量年，于建起也把合作社经营的重点转到绿色高质量发展的轨道上来。

“消费者消费升级了，生产者就要自觉转型。”于建起建议，调整合作社的生产结构，努力实现优产优销，将水稻产量高、价格低的劣势转化为产量稳定、品质好、销价高的优势。从选种育种播种开始，盘古合作社推行全程绿色生产。

在于建起的引领下，盘古合作社流转农田 1 200 余亩，还组织成立了湾里屋场旅游公司，年接待游客量超过 10 万人次。如今，加入合作社的农户达 200 余户，入社社员每户年均增收近万元。

在于建起看来，让村民富起来的同时，农村的生态环境也要恢复，农耕文化更要传承起来。

“留得葫芦籽，不怕无水瓢；一根丝瓜种，种出一亩瓜。”于建起记得，小时候，家里种的丝瓜颜色变为黄白色后，父亲就带着他将种子从瓜瓤里取出来，留待来年栽种。现在老种子却成为记忆被封存，很多蔬菜也难觅儿时的味道。

为收集老种子，2015 年 8 月，于建起远赴贵州省荔波县，在 30 多个村庄间奔波，收集到高山番茄、茄子、辣椒等蔬菜老种子。

让于建起心心念念的还有老稻种。近两年，每年谷雨下谷种前，于建起都要去世界重要农业文化遗产湖南省新化县紫鹊界梯田，搜集农民种了半个世纪的老稻种。

“让老种子走进‘种子园’，走进田园综合体，让老百姓吃得更好、吃得健康”是于建起的目标。如今，他已收集到 400 多个农作物的老种子，在他经营的田园综合体里，1 000 多亩的老种子蔬菜基地绿意盎然。

通过传承中华传统农耕文化，推广绿色种植模式，于建起的田园综合体生态环境日益改善，池塘里的水越来越清，野生小鱼、甲鱼、泥蛙越来越多，连消失多年的老鹰也经常在空中盘旋，曾经消失不见的萤火虫再次回到人们身旁。

永安镇党委书记陈训武介绍，未来“童话湾里”田园综合体将重点打造中华老种子博览园、美栗谷、往日时光风情民宿三大板块，发展循环农业、创意农业、农事体验，利用“旅游+”“生态+”等模式，推进农业与旅游、教育、文化等产业深度融合。

“希望能为传承农耕文明出一份力，搭建起与自然沟通的一座桥。”在于建起的脑海中，夕阳西下、袅袅炊烟、满天星斗的乡村美景，就在不远的将来。

第八节　不折不扣的多面手

会种地、懂经营、善管理，农业经理人可以说是不折不扣的多面手，这一职业从业者又被称为经营现代农业的 CEO。就职于洛阳龙浩农业有限公司（孟津县十里香草莓总基地）的任江涛就是一名农业经理人，如今已从业 10 年。任江涛之前修过车、

干过装修、养过猪，从没想过土地能让人致富，现在则觉得农业大有可为。从“土里刨食”到“地里淘金”观念的转变，正是农业经理人这一新职业带给他的。

光会种地可不行，还得当好瓜果蔬菜的经纪人。

“虽然父辈都是农民，但我刚开始就是不愿意当农民种地，觉得干农业就是种麦子，有自家吃的面就行了，卖钱指望不上，发家致富就更别提了。”任江涛说。

2009年，在北京做水果生意的吕妙霞回到老家孟津准备种草莓，找到了任江涛。“当时我还在孟津县城开出租车，1个月能收入1 500元，听到让我种地，第一反应就是不干。”任江涛说，“后来跟着她去外地，看到人家真能从土地里赚到钱，才意识到原来种地不是只能种麦子，咱这地里种出来的东西也能成为城里人稀罕的抢手货，这才觉得这事儿能干。”

10年来，任江涛跑地头、看市场，不仅成了种植能手，还成了销售高手。记者采访期间，他的手机响个不停。“很多人都想不到，说你一个种地的，1个月话费都得300~400元，咋就你忙！”任江涛说着笑了起来，“咱这农业经理人，可不是光会种地就行的。”

在任江涛看来，农业经理人就是瓜果蔬菜这些农产品的经纪人。“不同的明星有不同的定位，农产品也是这样。”任江涛说，“我得经常问周边的种植大户今年都种了些啥、东西是不是好卖，还得联系超市、批发市场，看他们需要什么。高端货走高端市场，一般的就走批发市场。农民们忙碌一年，就指着这一季的庄稼，要是卖不出去不得愁坏了！”

丰收不等于丰产，农业种植也得遵循商业逻辑。

耳听六路，产销信息“包打听”；眼观八方，调配资源“不慌乱”。这只是任江涛日常工作的一部分，而让农民从市场需求出发种植，转变“丰收等于丰产”的传统观念，才是他最下劲儿的事儿。

任江涛说："同样是草莓，济源一家草莓种植基地每亩产量能达5 000千克，我们十里香草莓总基地每亩产量仅有1 500千克，但挣得比他家多。这就是种植模式和商业模式的不同。"

他介绍，用化肥，草莓的产量确实能上去，但是口感差卖不上价，只能走中低端的销售渠道，管理、采摘成本也高，1个大棚至少需要2个工人；用有机肥，草莓产量低但口感好，500克能卖20~30元，前来采摘的人络绎不绝，1个工人可以轻松管理3个大棚。"农业并不是把种子种了、把苗栽了，等着丰收就万事大吉。目前，市场上缺哪一类的农产品，我的土地是否适合种植，将来走哪种销售模式，这些问题都要在播种之前想好。"

任江涛说："现在，每天都有人打电话咨询我种啥好，我得跑过去看看他那儿的土壤怎么样、交通怎么样、灌溉是否便利等，才能给出答案。要是在山区，种草莓这种浆果类经济作物可不行，但能种果树；要是交通不便，草莓质量再好，人们也不可能去采摘，定位就不能是采摘型的。农业种植也得遵循商业逻辑！"

想当合格的农业经理人，有感情、懂技术、跑市场都不能少。

要想成为一名合格的农业经理人，需要具备啥素质？任江涛说："首先要对土地有感情，用我们土话说那就是要想庄稼长得好，就不能坑地。只要肥力给足、根据农作物生长情况进行管理，土地里就能长出好东西。"其次，还得懂农业技术。土壤肥力如何、果子甜度如何、蔬菜农残是否超标，相关的检测仪一测便知，种地单凭经验已不适合现代农业。专业技术不过硬，当不了农业经理人。最后，要跑供给、需求这2个市场。只有这样，才能让双方做好对接。

任江涛说："农业专业的毕业生，有的是知识，缺的是经验，

通常需要 2 年时间才能成长为一名合格的农业经理人。”

有付出，自然就有回报。目前，农业经理人主要有两种薪资模式：一种在农场、产业园等企业就职；另一种不挂靠企业，根据业务量收取佣金。无论哪种模式，都是靠业务能力吃饭，月薪也从几千元到上万元不等。优秀的农业经理人，农业企业抢着要，甚至会给出股份等吸引其入职，薪资自然更高。

河南省农业广播电视学校洛阳市分校校长马会丽认为，未来农业会更加重视供给和需求的平衡，农业的发展方向也将从品质一般的“大路货”走向“名特优”，而转变农民的传统观念，离不开懂农业、会经营的农业经理人的参与。目前，这一职业还处于发展阶段，从业人员少，行业缺口大。也许在不久的将来，农业经理人将成为农村的一个热门职业。

参考文献

国彩同，李安宁. 2010. 农机专业合作社经理人［M］. 北京：中国农业科学技术出版社.

河南省农业广播电视学校，河南省农业科技教育培训中心. 2016. 怎样当好农业经理人［M］. 郑州：中原农民出版社.

金英华. 2016. 农村经济合作组织与农产品经纪人［M］. 北京：中国农业大学出版社

马国忠. 2017. 中国职业经理人研究［M］. 成都：四川人民出版社.

周彦顺，陈云霞，朱江涛. 2017. 怎样当好农业经理人［M］. 北京：中国农业科学技术出版社.